集英社新書ノンフィクション

「辺境」の誇り

アメリカ先住民と日本人

鎌田 遵
Kamata Jun

はじめに

「我々の先祖は、大地を白人に奪われてきた。受け継いだ土地を追われ、行く場所もなく、流浪の民となった。アメリカ先住民が歩んだ歴史と、フクシマの地を追われた避難民が直面する現実は重なる」

アメリカ先住民族《ネイティブ・アメリカン》（以下、先住民）ダコタ族のスピリチュアル・リーダー（部族古来の呪術師もしくは祈禱師《きとうし》）である、レイモンド・オーウェンさん（五五歳）は、静かな口調で語った。

一四九二年にコロンブスがアメリカ大陸を「発見」して以来、「新大陸」に渡った白人は暴虐の限りを尽くして先住民を迫害し、そのほとんどを虐殺した。暴力的な植民地化を正義の「開拓者精神《フロンティア・スピリッツ》」と自称して、生き残った先住民を、辺境の居留地に囲いこんだ。

この侵略の歴史は、アメリカ合衆国の暗い陰である。

オーウェンさんの言葉は、住んでいた土地や、長い年月をかけて築きあげた生活とその伝統を国家の名によって奪われる民がいるという現実と、そこに内在する差別の構造を見据えたものだった。先住民にとって、先祖から受け継いだ故郷の大地は、信仰上のみならず、伝統文化を語るうえで大きな意味をもつ。土地とのつながりを無視して、先住民の営みを理解することはできない。

福島で被災した人たちのなかには、原発事故によって先祖伝来の土地から引き剝《は》がされただけでなく、それまでつづけてきた生業《なりわい》をあきらめなければならなくなった人が多くふくまれる。さらに、移住先ではまったくちがう生活環境に順応しなくてはいけない事態に直面している。このことをオーウェンさんに伝えると、彼は言葉を選びながら、ゆっくりとこう話した。

「自分たちの先祖も狩猟から農耕に生活様式を変えることを強いられ、部族の伝統と言語を禁止され、英語を話すことを強要された。被災者と先住民が歩んできた歴史は不幸なことにダブっている」

これまでおよそ二三年間にわたって、わたしはアメリカの先住民社会を歩き、移民社会の「辺境」に生きる人びとの声に耳を傾けてきた。訪れた居留地は一〇〇以上にも及ぶ。

アメリカでも語られる機会のほとんどない、先住民が直面する現実に視点を据えることによって、多民族国家が抱える問題をより深く考えることができると思ったからだ。

アメリカの発展の陰で、先住民は長きにわたり「エコサイド」に苦しめられてきた。それは、生態系や環境、そこで生活する人たちの健康や暮らし、文化や伝統までをも根本から破壊する、人間がつくりだした文明の暴力だ。

二〇一一年三月一一日の東日本大震災のあと、東京都や埼玉県の避難所と被災地をまわった。故郷と生活の場を追われた人たちの悲痛な話をきいているときに、わたしは植民地主義の歴史を背景にした、「エコサイド」という言葉を反芻《はんすう》していた。生きる場を剝奪《はくだつ》された被災者の姿は、移民の国・アメリカで、あとからやってきた白人によって絶滅させられそうになりながらも、必死に踏みとどまってきた先住民の人びとの生活を連想させた。

アメリカ社会を生き抜く先住民と、大震災のあと、放射能によって故郷を追われた福島の人びとがさまざまな面で重なり合っていく。被災地、とりわけ被曝地帯が国家から取り残されて「辺境」にされてしまったかのようだ。

国のあり方も歴史の発展過程も、現在の状況もまったく異なるものの、「辺境」から発せられる声を記録する作業を通じて、普遍的な問題としての共通性を見極められるのでは、と思うようになっていた。「エコサイド」をくぐり抜け、巨大な国家体制に挑みつづけてきた少数派・アメリカ先住民の抵抗の歴史に学ぶべきものはすくなくない。

本書はこれまでアメリカ社会の「辺境」に息づく人びとの現実を見てきた経験を、震災後の日本社会とその「辺境」に生きる人びとに重ねて考えた記録である。

アメリカの「辺境」の現実とそこで発せられる声は、「エコサイド」を乗り越えなければならない日本社会に、多くの示唆をあたえている。

目次

はじめに　3

第一章　追われる民　13
奪われた暮らし／先祖の声／先住民の大地／略奪の歴史／先祖との絆／見えない財産／高層階の漁師／原発の恩恵／心の故郷／一〇回目の移動／父さんの海／海に消えたカネ

第二章　「辺境」の声　57
「文明」という名の津波／利用される民／掘り起こされた大地／奪われた聖地／研究所のバイト／下北半島と先住民の大地／踏みとどまる人／もとの住所／東電との暮らし／

被爆二世として生きる／繰り返される過ち／変わらない国／消された民／ロックンロール／癒されるまでの日々／浪江の先住民

第三章　境界線の防人 ―― 111

五〇マイルの町／販路開拓／不法投棄／国境に生きる／砂漠のギャング／部族の負担／移民とともに／被災地に立つリーダー／父の教え／女将の貫禄／社会の成熟

第四章　海を守る民 ―― 147

辺境の部族／正義の味方／「国粋主義者」／漁民のプライド／反捕鯨宣伝映画／大惨事／

大海を越えて／移民たちのアメリカ／
戦争と移民／アメリカ帰り／
民主主義のために／鯨とともに／
チャンス到来／激痛を耐えて／
新天地への想い／島風とチャンバラ／
島から来た喜劇王／移民街の板金工／
白人男性の病

第五章　受け継がれる想い — 211

ブラック・ミン／理想をもとめて／
見えない差別／縄文百姓／
辺境のダンス／命がけの宅配サービス／
つながる大地／漂う先住民／
ダンスの祭典／石壁の教え／

あらたな人生
あとがきにかえて —— 246
主な参考文献 —— 252

カバー・表紙・扉・本文写真／鎌田 遵

第一章　追われる民

キンバリー・トールベアーさん

杉本光さん、千恵子さん　江戸川区の団地で

スチュワート・ハリスさん

レイモンド・オーウェンさん

ジョサイア・ブラックイーグル・ピンカムさん

ゲェブ・ボーニーさん

山形千春さん、一朗さん　味の素スタジアムの避難所で

杉本千恵子さん　味の素スタジアムの避難所で

マティ・ワイヤさん、ルフイ・ワイヤさ

「五〇〇年前に起こったことでも、我々は物語にしてつぎの世代に伝えてきました。どれだけ時代が進んでも記憶にとどめておかなくてはならないことはあるのです」

カユース族、スチュワート・ハリスさん（五四歳）

二〇一四年三月、わたしはカリフォルニア州、オレゴン州、アイダホ州に住む先住民を訪ねた。震災から三年が経ち、日本では震災関連の報道がめっきり影をひそめるなか、先住民はどのようにして、先祖の悲惨な歴史を子孫へ伝えてきたのか、気になっていた。

カリフォルニア州に住むダコタ族、ネイサン・リッチさん（三九歳）は、過去の苦しみを忘れることは、結局あらたな痛みを生むという。

「くぐり抜けてきた歴史、残酷な思い出を忘れようとすることは一時的な精神の安定につながるのかもしれませんが、先祖の足跡を伝えていかなければ、アメリカでの自分たちの存在意義がわからなくなります」

彼は先祖との結びつきを自覚しない先住民が増えていることに危機感を抱いている。つぎの世代がどうやって先住民の文化を継承していくのか、不安でならないようだ。

アイダホ州のネズ・パース族、ジョサイア・ブラックイーグル・ピンカムさん（四二歳）は、「奪われて、破壊された聖地のことを話題にしなければ、子どもたちは喪《うしな》ったものがなにかすらわからなくなってしまいます」と強い口調で語った。国家に占領されたまま、国有地に指定され、立ち入ることが許されない伝統的な領土で、かつて先祖たちはどう暮らしてきたのか、彼は日々息子たちに語りつづけている。

先住民の文化は、先祖が残した土地とのつながりと、周囲の自然環境によって育まれている。人間だけではなにも成り立たない。

おなじく、ネズ・パース族のゲェブ・ボーニーさん（三七歳）はこう嘆いた。

「聖地から引き離されれば、そこに根づいた伝統や、そこで暮らした先祖との関係、彼らの声が遠のいていきます。べつの場所で社会を再建するには、膨大な時間がかかります」

大切な土地を喪失した彼らは、福島第一原発の事故で故郷を追われた人びとの経験を身近に感じるという。遠く離れた日本で、苦難に立ちむかう人たちへの想いは強い。

大震災のあと、アメリカ先住民の住む地域を改めて訪ね、地震や大津波の被害、福島原発事故の放射能汚染について、どのようなことを考えたのか、きいて歩いた。故郷を追われた東北地方の人びとと、辺境に追われて生きるアメリカ先住民の姿が重なるからだ。

「はじめに」で紹介したダコタ族のオーウェンさんには、二〇一二年九月にミネソタ州の居留地にある彼の自宅で話をきいた。彼はダコタ族が歩まされた歴史と福島原発事故の被災者、とくに第一次産業に従事していた人たちの現況が似ている、と不安を隠せない。

白人がアメリカ大陸に来る前まで、ダコタ族の男性たちの生活の中心は、狩猟だった。しかし、一九世紀以降、アメリカ政府は先住民の伝統的な暮らしを否定し、狩猟を禁止した。同時に白人は、ダコタ族の主要な食糧源だったバッファロー（アメリカバイソン）の乱獲を繰り返し、追いつめていった。

アメリカ合衆国魚類野生生物局のホームページによれば、北米大陸にはもともと三〇〇〇万頭から七五〇〇万頭のバッファローが棲息《せいそく》していた。その数はヨーロッパ系移民の到来とともに減少し、一九世紀末のアメリカとカナダでの棲息数は三〇〇頭にも満たなかった。食糧不足が原因で、先住民のあいだには多数の餓死者が出た。ダコタ族の男性は、狩猟をつづけられなくなり、農業を強制された。

一方で、ダコタ族の社会では伝統的に畑仕事を担っていたのは女性だった。男性はそれまで果たしてきた、家族のために獲物を獲《と》ってくるという役割を奪われ、部族内での権威や生活力を失った。

女性の地位は向上したが、共同体における男性の存在が希薄になるにつれ、社会的・政治的な秩序の崩壊が進んだ。伝統的な地位と役割を奪われた多くの男性たちは、アルコールの魔力に取り憑《つ》かれ、依存症に陥っていった。

同時に、獲物の群れをもとめ、季節ごとに移動していた狩猟の民は「居留地」に住むことを強いられた。居留地の大半は不毛な土地で、農業には適しておらず、ここでも食糧が手に入らずに、命を落とす人たちが続出した。

逼迫《ひっぱく》した事態に直面している先住民を、「支援」するために打ち立てられたのが、連邦政府主導の配給プログラムだった。ラードや小麦粉など、安価で高カロリーの食品が居留地に運びこまれた。狩猟ができず、運動量が激減していた人たちに、粗悪な食事は肥満と糖尿病をもたらした。現在に至るまで、この病は、先住民を苦しめている。先住民医療サービスのホームページによれば、一〇歳から一九歳までの先住民が糖尿病(タイプ2)に罹患《りかん》する率は、白人より九倍も高い。

オーウェンさんが務めるスピリチュアル・リーダーとは、草や木など、自然界で採れるものを使って人を癒したり、子どもが生まれたら名前を授けたり、伝統的な結婚式やセレモニーの責任者になったりと、その役割は多岐にわたる。メディシンマン(呪術師もしくは祈禱師)とも呼ばれる彼らは、部族社会における精神的な支えとして、重要な位置を占めている。

しかし、最近では病気が複雑化し、伝統や精神世界だけでは太刀打《たちう》ちできないことが増えている。糖尿病をはじめ、アルコールやドラッグの依存症など「あたらしい病」が、部族社会に蔓延《まんえん》しているからだ。

共同体が長い時間をかけて育んできた、スピリチュアル・リーダーにたいする信頼や畏《い》怖《ふ》の念が、むかしにくらべると変化している傾向があることは否めない。先住民も白人が経営する薬局に行き、頭痛薬をもらう時代になったのだ。

奪われた暮らし

地域に根ざした生業を奪われれば、社会に生じるひずみははかりしれない。このことを、先住民たちはみずからの体験によって深く理解している。福島の原発事故に関するオーウェンさんの懸念は、漁場や土地を奪われた人たちが、これからどう生き延びていくのかという問題に尽きる。

放射能で汚染された福島の将来についてきくと、彼はすこし考えて言葉を選びながらつぎのように語った。

「天から力をもらうことがわたしの仕事です。神がなしうる奇跡を信じています」

この発言の奥深いところにあるのは、人間の力だけで解決するのは困難な、きわめて途方もないことが起きてしまったという絶望感だ。大きな力が働かなければ、現状を打破するのは難しいということなのかもしれない。

人間がつくりだしたものが、人間の力ではどうにもならないレベルの災害を引き起こし、自分たちを育んできた自然を破壊してしまったことに、オーウェンさんは、ただただ怒っていた。

彼は先住民と避難民は先祖の土地を失った経験を共有していることを強調したうえで、日本政府や東京電力（以下、東電）の対応の悪さを嘆いた。そして、土地を奪われ、社会の周縁に追いやられた先住民が歩んだ道を、被災者が歩んでいくのではないかと案じているようだった。

最後に彼は、「これからのこと、すべてのことに、とても時間がかかるでしょう」と遠くを見る瞳《ひとみ》でいった。

オーウェンさんが暮らすミネソタ州にあるプレーリー・アイランド・インディアン居留

地は、ミシシッピ川の中州の約半分を占めている。その居留地から、わずか八〇〇メートルしか離れていない、おなじ中州で、一九七三年、部族との合意なしに原子力発電所が稼働を開始した。以来、居留地での暮らしは、常に危険と隣り合わせにあり、福島の事故は他人事ではない。

「いつなにが起こるかわからない。フクシマの原発事故以降は、とくに不安だ」

とオーウェンさんは憤りを隠さない。部族にとって、この土地は先祖代々受け継いだというだけでなく、長きにわたる抵抗の末に勝ち取ったという意味合いが強い。しかし、電力会社の視野には、すぐ隣で暮らすダコタ族の人たちは、入っていなかった。

「原発があるからといって、この場所を去るわけにはいかない」

とオーウェンさんは先祖と土地との結びつきを重要視する。とくに、部族の精神世界とこの地域の自然界とは切っても切れない関係にある。

居留地の至るところから、二基の原発の円形屋根をうかがうことができる。原発敷地内にはキャスク（容器）に入れられた、行くあてのない核のゴミ（使用済み核燃料）が保管されている。問題なのは、そのキャスクが置かれている場所が、潤沢な水量を誇るミシシッピ川の氾濫原《はんらんげん》（洪水になった際に、浸水する平地）に位置していることだ。

汚染された大地を、祈りを捧《ささ》げて清めていくのがスピリチュアル・リーダーの役目であるだけに、彼に課せられた任務は重大だ。

福島原発の事故以降、老朽化が進む原発の危険性を訴える声は、アメリカ国内にひろがっている。部族にとっては、かねてからの懸念材料である。

「カネ目当てに開発し、自然を破壊した人たちが去ったあとも、わたしたち先住民は、この大地を守っていかなくてはなりません。そうやって、生き残ってきたのです」

先祖の声

二〇一二年夏、わたしはカリフォルニア州ロサンゼルスを出発し、同州南部の沿岸部を旅していた。太平洋からの風を受け、サンタモニカのビーチを左手に見ながら、海岸線に沿って伸びるパシフィック・コースト・ハイウェイを三〇分ほど北上した。

急勾配がつづく曲がりくねった道をのぼり、海に出た。砂浜から約一〇〇メートル離れた丘をあがったところに、チュマッシュ族のセレモニアル・リーダー（伝統儀式の指導者）マティ・ワイヤさん（五五歳）と妻のルフイさん（五四歳）が暮らす、ちいさな集落がある。

集落のまんなかには伝統行事をおこなうためのセレモニアル・グランドがあり、円を描くように、部族伝統の木と枝で組まれた、テントが囲む。ふたりはチュマッシュ族の文化保存や周辺地域の海や河川の水質管理、環境保護などを目的とした団体を運営する一方で、非行に走る若者をはじめ、ドラッグやアルコール依存症などの問題を抱えた人たちを集め、セミナーを開催し、先住民文化をひろげている。

二年ほど前、太平洋沿岸部の先住民文化を調べていたときに、べつの部族の人から紹介されて、はじめてこの集落を訪れた。再訪したのは、被災地の再生についてききたかったからだ。

久しぶりに会ってすぐに、マティさんは福島原発の事故について語りはじめた。

「フクシマの大地が癒されるかどうかは、科学的な問題です。人間が科学によって汚したところだからです。しかし、我々は科学だけを信じているわけではありません。儀式や祈りも必要です」

そういい切ったあとに、マティさんは、世代間の断絶に話題を転換した。

アメリカ社会では日本とおなじように、年老いた両親を老人ホームにあずけることは珍しいことではない。この習慣は年長者を敬う部族社会でも目立って増えている。

「年長者をずっと暮らしていた大地から引きはがして、老人ホームに送れば、人間の営みは絶たれます。もともと、先住民社会にはそのような習慣はありませんでした。我々は土地とともに生活し、世代間は強く結ばれていたのです」

福島県の浜通り地方でも住民が土地を奪われ、同時に世代間の関係が断たれてしまった。取り返しがつかない共同体の破壊である。

汚染された地域に帰ろうとする高齢者がいることを、マティさんはテレビのニュースで知り、深い共感を覚えたという。

「どれだけ汚染がひどくても、被災者の帰りたいという気持ちがなくなることはないでしょう。彼らは、先祖のスピリッツに呼びもどされているのです。土地と人間は、血やDNAでつながっています。お墓や土地が放置されて、先祖のスピリッツが傷ついていることを、人びとは本能的に日々感じているのでしょう」

大地にもどっていくというプロセスは、人がみずからの責任を果たそうとする必死の姿なのだ。

先住民の大地

チュマッシュ族の先祖は一万三〇〇〇年にわたって、主に現在の南カリフォルニア州の沿岸部と沖合に浮かぶ島嶼《とうしょ》のひろい地域を生活圏としていた。彼らはちいさな集団をつくって生活していたため、おなじ部族内でも多様な文化や習慣が根づいている。

スミソニアン学術協会が発行する、北アメリカ先住民研究の手引きによると、この部族が白人とはじめて接触をもったのは一五四二年で、当時の部族人口はおよそ一万八〇〇〇人から二万二〇〇〇人だったといわれている。一八世紀にはスペイン人による侵略を受け、伝道所に収容されて、大半がカトリックに改宗させられた。一九二〇年のチュマッシュ族の人口はわずか七四人。虐殺や伝染病で、多くの人たちが命を落とした。

おなじチュマッシュ族のなかでも、連邦政府との交渉の仕方によっては、先住民と認められなかった氏族や家族がいる。現在、先住民の承認を受けて、居留地を所有するのは、部族のなかの一部のグループにすぎない。

カリフォルニア州には連邦政府から承認を受けていない先住民部族が五〇以上（全米では二〇〇以上）も存在する。基本的に承認がなければ、居留地をもつことはできず、連邦政府にインフラの整備や文化活動などへの経済的な支援を要求するのにも制限がある。

「自分はアメリカ人ではありません。チュマッシュです。ここはチュマッシュの大地なのです。自分たちの先祖がどうやって生き抜いてきたのか、それを忘れさせようとするのが、我々を消滅させようとしたアメリカ国家なのです」とマティさんは声を荒らげた。先住民を虐殺してきた国家から承認を受けなければ、法的に「先住民」とはみなされない。アイデンティティばかりか、先住民かどうかという自分の出自までもを勝手に決められるのは屈辱なのだ。

これは、原発事故の被災者にたいする日本政府と東電の対応に似ている。補償や賠償の審査を、政府と原発を動かしていた企業が一方的に決めるのであれば、被災者にとっては屈辱的だ。当事者が不可視化され、その声が無視されるというのは、先住民の歴史的経験だけでなく、現在もつづく苦悩である。

ルフィさんは「官僚的な分類作業とは、ジェノサイド（大量虐殺や強制収容）の一形態だ」と抗議する。国家が、被災者は誰かを決め、どれだけの賠償を支払うかを決定するプロセスは、暴力以外のなにものでもない。「このままでは、国家や企業の都合で、忘れられてしまう被災者も出てくるのではないでしょうか」と彼女は懸念している。

アメリカという国が、先住民におこなってきたさまざまな抑圧は、先住民の側から見ればまったく清算されていない。さらに、彼らが歴史的なトラウマとともに生きていることを、アメリカ政府のみならず、ほとんどのアメリカ人は自覚していない。それでも、先住民としての誇りを胸に、彼らは生き抜こうとしている。

略奪の歴史

一九八〇年、チャネル・アイランズが国立公園に指定された。ここは、チュマッシュ族が生活圏にしていたカリフォルニア州沿岸部に浮かぶ島々である。島の自然は保護されることになったが、故郷が米国国立公園局の管轄下に置かれることになり、チュマッシュ族は、宗教的な意味をもつ聖地への自由なアクセスを失った。

対岸にあるカリフォルニア州の海岸線は、いま富裕層むけの住宅地として人気上昇中だ。アメリカの風光明媚《めいび》な場所は、先住民にとっては神聖な意味をもつ場合が多い。建設作業中に遺骨や遺跡が発見されることも珍しくない。

それでも土地を購入した不動産会社は、なんのためらいもなく開発を進める。もしも逆に、先住民が白人の墓を掘り起こしなどしたら、大変な事態になるのは請け合いだ。

「先住民はこの地にずっと暮らしてきました。アメリカの白人はまだ四、五世代しかこの地にいません。だから、土地の面倒をしっかりと見られるわけがないのです」

とマティさんは断言する。先住民は土地を神聖に保つために、日頃から踊り、祈り、儀式をとりおこなう。

そのような努力をよそに、マティさんの集落から車で三時間ほど北上した沿岸部（そこもチュマッシュ族の生活圏だった）には、ディアブロ・キャニオン原子力発電所がある。福島原発の事故を受けて、原発を所有するパシフィック・ガス・アンド・エレクトリック社は、原子力規制委員会（NRC）にすでに申請していたライセンス延長の手続きを遅らせるように、と異例の要望を伝えた。同社は、この原発が地震にどれだけ耐えうるのかを調べる実験をつづけている。これにたいしてマティさんは批判的だ。

「実験の信憑性《しんぴょうせい》を高めるために、衝撃をあたえ、大地にミサイルのようなものを撃ちこむようです。そんなことをしたら地震を誘発しないでしょうか。自然の営みはそのままほうっておけばいいのです。人間が自然界に無理を強いると破壊につながります」

これ以上、先祖が暮らした土地を傷つけてほしくないというマティさんの想いが伝わってくる。環境破壊が進む現代社会にたいする辛口批評はつづいた。

六〇年代から七〇年代のヒッピー世代の影響で、いまでは先住民のスピリチュアリティへの関心が高まっている。一九九五年のディズニー映画『ポカホンタス』（マイク・ガブリエル、エリック・ゴールドバーグ共同監督）のように、先住民はロマンスの対象として描かれることも増えた。

しかし、実際は、それらのイメージは先住民の現実とはかけ離れ、白人の都合でゆがめられてきた。アメリカ社会に疲れた人たちが幻想に癒しをもとめているのかもしれない。

「いまアメリカ人が欲しているのは、地球にやさしいオーガニック生活、スピリチュアリティ。それはずっと先住民が実践してきたことです。人びとは社会のすべてが崩れ落ちていくことに不安を抱いているのです」

人びとは生活の本質的な部分を見つめ直そうとしている。どこの国においても、ひとりひとりが自然との共生を意識しながら、生きていかなければならない時代になった。

「国家によって犠牲者の声が消されそうになっているときこそ、しっかりと記録を残さなければいけません。そうすれば、みんなが生き残っていけるような社会をつくれるのです」

侵略と虐殺を生き抜いてきた民族だからこその強さだろうか。マティさんはそういってから、太平洋の彼方にむかって祈りはじめた。

先祖との絆《きずな》

「先住民の宗教や信仰、暮らしのすべては土地とともにあります。先祖から受け継いできた場所でなければ、できないことはたくさんあるのです」

家族ぐるみの友人である、テキサス大学オースティン校人類学科准教授、キンバリー・トールベアーさん（四六歳）は、歴史的に部族が崇《あが》めていた大地こそが、精神世界とつながれる唯一の場所だ、と主張する。

オーウェンさんとおなじダコタ族のキンバリーさんとは、震災の直後から、彼女の勤めていた大学のあるカリフォルニア州のバークレー市で、先住民と被災者のこれからについて会話を重ねてきた。

キンバリーさんは生活の中心を占める土地への想いと物理的なつながりが欠落したとき、共同体には精神的な空虚感がつきまとい、大きな損害に発展しかねない、と指摘する。彼女は福島原発周辺地域で生活していた被災者にたいする「賠償」に、厳しい意見をもつ。

「企業や国家は法律に鑑みて、賠償金の額を査定します。いくら払えば、被災者が納得するか、というよりもいくら払えば自分たちは安全か、と考えるのです。フクシマの被災者には、最低でも土地や財産の補償はしなくてはなりません。しかし、人から土地を奪ったということに、十分な賠償などないのです」

彼女は人間の営みを台無しにした原発事故は、べつの土地を用意することでは償えないと繰り返す。植民地化を推し進めた白人の価値観からすれば、法律や補償金額が賠償の「基準」になるが、先住民の世界観では、意味をなさない。

「ダコタ族の文化においても、土地、狩猟、歴史、先祖、伝統的な信仰が、おたがいに強く結びついている。土地や自然との相互的な営みのなかで長い時間をかけて培われてきた『目に見えない財産』と『そこにしかない財産』があるのです。キリスト教のように、引っ越したら、そこにある教会に通えばよいということではありません」

福島から東京近辺に避難してきた人たちについて話をすると、彼女は主に一九五〇年代から先住民を「支援」する目的で進められた、都市部への「インディアン転住プログラム」を思い起こしたという。これは連邦政府による就業斡旋《あっせん》プログラムで、失業率が高く、貧困にあえぐ居留地の先住民を都市部に移動させ、「文明化」するというものだった。

このプログラムによって、一九五〇年代に、三万人を超える先住民が都市部に移住した。その大半が、工場などでの単純労働を斡旋され、貧困や治安の問題を抱える地区に住居をあてがわれた。一九四〇年代には先住民のわずか八パーセントしか都市部で暮らしていなかったのが、二〇〇〇年の国勢調査では約六四パーセントにまで増えた。一方で居留地の人口は減少した。

都市部では教育を受ける機会や雇用などの利点は、些少《さしょう》ながらあったものの、故郷との接点を失い、精神的に不安定になる人が続出した。あらたな環境では、言語や伝統の継承は困難になり、部族社会に重大な打撃をあたえた。

「先祖から授かった土地さえ守れるならば、そう簡単に共同体は壊れません」とキンバリーさんはいう。先住民にとって大地には、民族としてのアイデンティティや伝統文化など、生きることに必要なもののすべてが詰まっている。

年長者を敬う部族社会で育ったキンバリーさんにとって衝撃的だったのは、福島で暮らしていた高齢の被災者が、もう二度と故郷の土を踏めないかもしれないという悲劇だ。人生の最期に先祖から受け継いだ土地にもどることを美とする先住民文化では、それは先祖と子孫のつながりが途絶えることを意味する。

彼女は一九世紀に連邦政府が土地を奪う代わりに、物資の援助などを盛りこんだ「条約」を部族と締結したことを問題視している。条約は、賠償や補償の類《たぐ》いとみなされがちだが、土地や権利を取りあげる行為の合法化に強制的に同意させたものでしかない。

条約には法律用語が列記され、専門家でも理解できないほどの難解な文章が並ぶ。当時の先住民の指導者たちのほとんどは、内容を理解しないまま、条約への署名を強制された。なかには白人がもちこんだアルコールに依存するようになり、酒と引き換えに、署名をさせられた指導者も多かった。そして、条約に記されていた大部分の公約は反故《ほご》にされた。

先住民が経験した条約の不履行と、国家や東電による被災者への賠償の遅延が、彼女には重なって見えるという。東電の対応が不十分で、避難所や仮設住宅などの暮らしでストレスを抱え、身体に異変をきたしたり、自殺する人まであらわれている現状は、他人事には思えないのだ。

キンバリーさんは、福島の原発事故は人災であり、環境や健康だけでなく伝統文化や歴史、民族のすべてを根本から破壊し尽くす史上最悪の「エコサイド」のひとつと考えている。それは「ジェノサイド」とともに先住民社会に深い傷痕を残してきた。だから彼女は、「エコサイド」によって、多数の命が時間をかけて奪われていくことを怖《おそ》れている。

研究者として活躍中の彼女ではあるが、それでも先住民女性であるがゆえに感じる独特なストレスに、いまも苦しんでいる。それは俗に「エスニック・ストレス」と呼ばれるものだ。日常のなかで、いつどんな差別や暴力、困難が自分にふりかかるのか、といった素朴な不安や心配から生じるストレスである。

社会的弱者であることに起因した、歴史的なトラウマのひとつともいえるだろう。故郷から追われた福島の人びとも、こうしたストレスを抱えているのだろうか、とキンバリーさんは懸念している。

見えない財産

出会った先住民の誰もが共感するのが、浪江町《なみえまち》にいて、東日本大震災によって被災し、さらに原発爆発事故で故郷を追われた山形一朗さん（五三歳）が教えてくれた、「海には目に見えない財産がある」という言葉だ。山形さんは四・九トンの漁船にひとりで乗る、固定式サシアミ漁専門の漁師だった。

先祖代々伝えられてきた漁法、漁場で働く咄嗟《とっさ》の勘、長年培ってきた海との対話によって習得できた、かけがえのない智慧《ちえ》。故郷を追われた人びとが失ったのは、大切な土地や海だけではない。その場所に根づいた、さまざまな「目に見えない財産」だ。

わたしが伝えた山形さんの言葉に敏感に反応する先住民を目の前にして、時代と場所を超えて、彼らと原発被災者のあいだに交差する稲妻のようなものを感じた。奪われたのは、先祖から受け継いだ土地で紡いできた文化そのものなのだ。

わたしが山形さんと、震災前まで山形さんの漁の手伝い（魚の選別や網の修理、船の整備など）をしていた妻の千春さん（五〇歳）にはじめて会ったのは、震災後の二〇一一年四月七日だった。場所は、東京都調布市のサッカー場「味の素スタジアム」に設置された、緊急避難所だった（最も多いときで一九七名が生活していたが、同年五月二二日に閉鎖）。

二〇一一年三月一一日午後二時四六分、一朗さんが漁から帰って一休みしているとき、グラっと大地が揺れた。縦とも横ともわからないほどの大きな一撃で、家は一挙に崩壊。そのあと津波警報が出され、取るものも取りあえずすぐに逃げた。

最初は山の方にむかい、四キロ内陸に入ったところにある町役場内に身を寄せた。家の被害を心配していた矢先、つぎの日に福島第一原発一号機が爆発。そのあとさらに、山側に移動、津島地区の小学校に三日間滞在した。

震災から四日後の三月一五日、原発から半径二〇～三〇キロ圏内が屋内退避区域に指定された。山形さんの父親と長女も一緒に逃げていたため、小学校内につくられた緊急避難所で生活をつづけるわけにはいかず、四人は車で東京にむかうことになった。

東京に着いた当初は、東村山市にある親戚の家に身を寄せた。それから一週間して、市役所で紹介されたのが、味の素スタジアムの避難所だった。

山形さんの迫力はあるが、やさしい声には聞きおぼえがあった。味の素スタジアムに慰問にきた皇太子夫妻に、漁に出られない辛《つら》い心情を「陸《おか》にあがった河童です」とゆったりした声で話す姿が、ゴールデンタイムのニュースで流れたのを見ていたからだ。

皇太子夫妻が目の前で微笑《ほほえ》んでくれたといって、一朗さんは満足そうだった。「笑わせようと思っていったわけじゃなくて、本当のことをいったんだ」。皇太子夫妻との会話のインパクトが強かったからか、一朗さんはテレビ関係者から取材攻撃に遭っていた。

二〇一一年四月一八日、山形さん夫妻は味の素スタジアムを出て、江東区東雲《しののめ》にある公務員宿舎に引っ越すことになった。引っ越す前日に会いに行くと、一朗さんは、「東雲に行くのは半年だけ、またべつの避難所に移動するようなものだ」と、不安そうだった。

福島の漁村で大きな一戸建てに暮らしていた一朗さんにとって、アパートやマンションで生活するのははじめての経験だ。ましてや地上一八階で暮らすことになるとは思ってもみなかったという。

千春さんはコメと味噌《みそ》をスーパーで買う東京の暮らしに、戸惑いを隠せないようだった。浪江町ではコメは農家をやっている人からもらえたし、味噌も大量につくって納屋に備蓄してあった。都会ではそうはいかない。

避難所で会ったときからおよそ一年四ヶ月後の二〇一二年八月六日、東京湾岸沿いにあるその宿舎に山形さん夫妻を訪ねた。そこは、福島原発三〇キロ圏内から避難した人たち、約一二〇〇人、六〇〇世帯が暮らす、都心に生まれた「浜通り」である。

高層階の漁師

高層マンションの一八階、フローリングされた八畳ほどのリビングに置かれた座卓のむこうに、一朗さんがどっしりと座っていた。海で鍛えあげた、盛りあがった肩と上半身の迫力からか、部屋がずいぶんちいさく見えた。夫妻は人懐っこい笑顔でわたしを迎え入れてくれた。

南西に面したベランダ越しの下界には、大都会の風景がひろがっている。観光スポットの東京ビックサイト、レインボーブリッジやゲートブリッジ、すこし西に首を伸ばせば、東京タワーも視界に入る。

ビルのあいだから、ちいさく囲まれた海が見える。波はなく、べたっとしている。「ここは外海じゃないから」と一朗さんは物足りなそうだ。それでも海のことを話すとき、ふと浪江の海を思い出すかのように、懐かしそうな表情になる。

当初は、半年間の予定で被災者に家賃と共益費は無償であてがわれた。しかし、避難していた人たちを取り巻く状況は、そのあとも一向に変わらず、無償で住める期間は二〇一六年三月まで延長された。

一朗さんの肩幅は相変わらずひろく、さらに貫禄が増している。漁に出られない生活は、肉体に異変をもたらし、一〇キロ太ったときもあった。それでも、近くのジムで身体を動かして、ようやく五キロ痩《や》せたという。

体重の増加よりもむしろ、筋力が落ちたことの方が深刻な悩みだ。毎日漁に出ていたときはベンチプレス一二〇キロをもちあげることができたが、現在は四〇キロを二〇回で疲労を感じる。

千春さんは、一朗さんの指が細くなったという。故郷の海から遠く離れた都会でのマンション暮らしは、剛健な漁師の身体を内側から大きく変えてしまったのかもしれない。

高層階の夏はなかなか寝つけない、と一朗さんは困ったような顔をする。床はフローリングで、センベイ布団。とにかく暑い。浪江町では窓を開け放つと海風が入ってくる。防犯上の心配はない。夏でも肌寒く毛布が必要なときもあるほどだった。

ふたりは主に東電が支払う月々の補償金と、赤十字などによる支援を受けながら生活している。東電の被災者への姿勢にたいして、一朗さんは「まったく身近に感じない」と声をあげた。原発事故後の東電の態度は釈然としなかった。とくに被災者への対応は後手後手にまわりっぱなしだ。事故を起こした東電に、被災者が頼んで賠償してもらっているような感じで、加害者としての誠意がまったく伝わってこないのだ。

テレビが置いてある棚には、浪江町から支給されたコンピューター端末があった。定期的に町役場から連絡が入るらしく、なんとか町との一体感を維持しているのだという。

「放射能さえなければ帰れるのに」

味の素スタジアムにいたころ、千春さんはつぶやいた。できるなら家にもどって、写真一枚でもいいから家族の思い出になるもの、記念になるものを取ってきたいのだという。

故郷に抱く想いの深さに、返す言葉が見つからなかった。

二〇一一年の九月と一一月の二回、ふたりの念願が叶《かな》い、浪江町に一時的に「帰宅」することができた。思い出に残るものをもってくることができたのだろうか。

「ないですよ。なにもないですよ」と千春さんはこちらの質問をカバーするように、やさしく微笑んだ。はっと気がつき、わたしは自分の愚問を恥じた。

味の素スタジアムで、津波の被害に関しては、山形さんたちもインターネットの画像やテレビなどを見たり、人づてにはきいていた。一時帰宅したときに山形さんが撮影した写真を見せてもらうと、町ごとすべてが流されてしまっていて跡形もなかった。

ふたりが住んでいた場所には、かろうじて家の面影をうかがうことができる土台だけがへばりついていた。近くに残っていたのは、小学校と漁業組合の鉄筋コンクリートの残骸《ざんがい》だけだった。

二〇一二年七月、二本松市に移転した浪江町の町役場で、避難した人たちの懇談会があった。その席で、一朗さんは、せめてお盆の期間中だけでも故郷を地元の人に開放してほしいと要請した。

墓石が散乱している状態をなんとかしたい、家の跡地の整理や移転の準備を進めたい。しかし「警戒地域」だから、法律的に立ち入ることはできないという答えが返ってきた。そういわれると、いい返せなくなってしまう。

「お墓ひとつにしてもそう。復興にしてもそう。研究者なんかが協議しているようだけれども、法律の網がかぶさっているから、なにもできない」

と一朗さんは悔しそうな目になった。

原発の恩恵

「こうなった以上は、原発を廃止にするしかない。中途半端にするから、うやむやになって、原発がなくちゃだめだってことになる」

という一朗さんは、もともと原発には反対でも賛成でもなかった。が、事故のあとは反対の意志が明確になった。浪江町に暮らしていたときも、自分たちは原発で食わせてもらっていたわけではない、と断言する。

そのすぐ横で千春さんは、震災の前の地域が潤っていたころのことを思い出し、複雑な表情を見せた。次男の真仁《まさひと》さん（二一歳）が通っていた地元の工業高校からは、毎年成績上位の生徒二〇人くらいが東電の社員になった。エリートコースだった。東電に就職させるのを目当てに、子どもを工業高校に入学させる親も多かった。

そのほかにも、下請けの会社に就職する人は、周りにたくさんいた。東電社員の友人もすくなくない。だからやっぱり、いまでも原発反対とは、いいきれないという。原発との共生を強いられてきた人たちの想いは、避難した先の家族内でもさまざまだ。

二〇一二年八月、山形さんを再訪したころ、毎週金曜日の夜に首相官邸前でおこなわれる反原発デモが、メディアで話題になっていた。集まる市民の叫びをよそに、野田首相（当時）が「大きな音だね」と発言し、物議をかもしていた。そのことに関して、山形さん夫妻は、「どういう神経をしているのかわからない」と首をかしげた。どこかあきらめにも似た響きだった。

ふたりが懸念するのは、時が経つにつれて震災関連の報道がどんどん減っていることだ。このままでは、被災者が社会から忘れられてしまう。国際的に注目された事故の風化が、確実に進んでいる。

山形さんを訪ねるすこし前に、在京キー局でドキュメンタリー番組を制作しているテレビマンと話をする機会があった。彼は被災者関連の番組が減った理由について、視聴率がとれないからで、その原因は視聴者にある。だから本来は視聴率には関係なく番組がつくれるNHKがやるべきなのだと話していた。最後には、電気がなければ、テレビは映らないので、基本的にテレビ局は原発反対ではない、といい放った。

テレビ局に問題があるのか、視聴者が興味をなくしたからなのか、スポンサーに原因があるのか。ただ、被災者が直面する問題は深刻で、国民が直視すべきものであることは紛れもない事実だ。避難したばかりのころ、避難所で、あれほど熱心に山形さんや被災者のことを追いかけていたテレビ局が、視聴率を理由に及び腰になっているとすれば悲しい。

心の故郷

ときおり、一朗さんは「漁師時代」という言葉を使ったが、現在の職業を尋ねると、「まだまだ一組合員。漁師だ」と、力のこもった声が返ってきた。陸にあがっても、漁師のプライドを堅持していることがうかがえる。

しかし、浪江町ではまだ漁を再開する見通しはたっていない。

「相馬双葉漁協はできたし、相馬が一番復興するのが早い。試験操業ははじまってきている。浪江ではまだまだいつになるかわからない。よく東京で魚を獲れっていわれたりするけど、できるものではない」と山形さんは語気を強めた。

漁師はサラリーマンではないから、職場をかえればいいという問題ではない。請戸《うけど》近海の地形、天候、先祖から受け継いできた漁法、さらには漁業権、そのすべてが揃《そろ》わなければ、生活はできない。

海のどのあたりにどんな魚がいて、いかなる習性をもっているのか、一朗さんは長い年月をかけて学んできた。「目に見えない財産」を存分に発揮しなければ漁師は務まらない。

「三年から五年くらいでなんとか操業までこぎ着けるっていう見通しがたつのならば、船をつくって、家をつくってっていうのもいいけれども、一〇年かかったら六〇歳を越えてしまう」

前の船の保険もあるので、自分の出費は最小限に抑えられる。全損扱いで支払われる保険料がちょうど船の代金の三分の一ほどになり、残りの三分の二は国と県からそれぞれ補助が見込めるという。しかし、所有していた規模の船をつくれる造船所は限られていて、震災のあとはどこも予約がいっぱいの状態で、五年待ちともいわれる。

どうにか船を確保して漁を再開しても、前の船のローンを返していく目処《めど》も立たない。味の素スタジアムに身を寄せていたときにきいた話とまったくおなじだった。住むところはかわっても、状況はまったく進展していない。

「はたから見たら、こんないいところにいて、だらっとしているって思うかもしれないけれど、当たり前の普通の暮らしができれば、こんな生活はしていない。（べつの場所で）仕事するっていったって、ちゃんとした仕事はできないと思う。中途半端なんだよね。精神的に落ち着かないと思うよ。若い人は若いパワーで動きまわれるけれども、五〇過ぎちゃうと中途半端だ」

もっと歳をとっていれば、あきらめもつく。若ければべつの仕事を探すこともできる。「中途半端」という言葉は、いまのふたりが置かれた現状を端的にあらわしている。五〇代というのはサラリーマンにとっても漁師にとっても一番いい歳である、と一朗さんはいうのだが、その「いい歳」を最大限に活かせる場所がない。

「このままだと棄民になってしまう」と味の素スタジアムで避難生活がはじまったばかりのころ、一朗さんがつぶやいていた。あれから一年四ヶ月、なんの進展も見えない日々は、精神的には「カンボジアやなんかの難民とおなじ」だという。そういってから、「逆にこちらの方がカンボジアよりも精神的には貧困かもしれない」とつづけた。

震災前、浪江町の家には、夏休みや冬休みになれば、就職して東京に行った親族やその子どもたちが遊びに来た。お盆など、多いときには、五〇人以上が泊まることもあった。その子どもたちの「心の故郷」も奪われてしまった。

「東京の感覚だと子どもが独立して、核家族になるのが普通だけれど、田舎だと、（本家の）長男がどんといて、みんながそこに集まってくるという文化がある」

山形さん一家は、長男は東京、次男は千葉に移り、娘は福島県の中通り地方で就職して、結婚。あらたな家庭をつくった。それぞれに自立しているが、家族がもどってくるべき家がなくなった。

「二〇～三〇年も生活すれば、おれはあの世に行く。後継者がいなくなる。仕事の後継者ばかりでなく、家の後継者さえできない」

一刻も早くなんとかしたいという想いは強い。しかし、現時点では補償については、いまだ国や県からの指示を待っている状況にある。いらだちは募るばかりだ。

「国は住めるっていう。除染しますっていう。しかし、実際には住めない。時間稼ぎをしているだけ。補償する人間が死ぬのを待っているんじゃないか。お年寄りが亡くなれば、その分補償はしなくてすむ。自殺した人だっている」

一朗さんは、「現場（被災地）で働いている人は一生懸命だろうし、それはありがたいことだけれども」と前置きしながらも、メディアなどで発せられる「絆」という言葉をきいても、ピンとこないという。おなじ地域に住んでいた人たちがばらばらに生活させられたままの状況では、空虚に響いてしまうのかもしれない。

山形さん夫妻が発するひとつひとつの言葉はとてつもなく重い。日々、汚染された地域に関して、さまざまな情報が飛び交うが、肝心の当事者である住民が直面する現状は把握できていないままだ。

一〇回目の移動

山形さん夫妻と再会したのとおなじころ、おなじく味の素スタジアムの避難所で出会っていた、杉本千恵子さん（八〇歳）と夫の光《あきら》さん（八一歳）が住む、江戸川区小松川にある団地を訪ねた。ふたりは南相馬市から避難していた。団地内にある「小松川さくらホール」二階に設置されているオープンスペースでお会いした。

備え付けの椅子に腰かけて、久しぶりにふたりの話をうかがった。壁際の掲示板には、「東日本大震災避難者情報コーナー」と書かれてあり、その脇《わき》には「茨城新聞」「河北新報」「岩手日報」「福島民友」「福島民報」などがバインダーに閉じられ、ラックに架けられている。この団地に身を寄せた被災者（八一世帯一九〇人、二〇一三年三月現在、江戸川区役所地域振興課）への就業支援や、各種サービスの情報提供の場として利用されているようだった。

杉本さん夫妻は、大工をやっていた夫の光さんの仕事の関係で、東京に四〇年以上暮らしていた。光さんは南相馬市出身。一九九四年に定年退職を迎え、四年後の一九九八年、ふたりは光さんの故郷である南相馬市に移り住んだ。以来一三年間、原発から約一六キロ離れた小高区《おだか》で生活していた。

三月一一日、大地に激震が走ったとき、光さんは浪江町で親戚の家を建てていた。怒濤《どとう》のような揺れが収まったあと、一緒に働いていた仲間が、道具や私物のすべてを現場においたまま、光さんを小高区の自宅に送ってくれた。

自宅は沿岸から約四キロ離れており、津波は三キロの地点で運よく止まった。このときは、原発がどうなっているかを知る術《すべ》もなかった。

翌日、福島第一原発一号機が爆発した。夜七時ごろ、ふたりは千恵子さんのお兄さんの運転する車で、南相馬を離れた。あとから、東電の関係者は三月一一日の時点で逃げていたという噂《うわさ》を耳にした。

杉本さん夫妻とお兄さんの三人は、その後、実に七ヶ所を転々とすることになる。小高の農業高校、千恵子さんのお兄さんの家、道の駅（泊まることができずに、深夜になって移動）、いわき市内の高校（定員を超えていたため門前払い）、相馬市内の学校、南相馬市原町の学校など、地図をもたずにさまよった。そして、避難所である埼玉県のさいたまスーパーアリーナを経て、味の素スタジアムの避難所に到着した。

やっとのことでたどり着いた味の素スタジアムでは、すこしほっとしたようだった。

「あそこで安らぎをもらった」と回想するのには、その前にいたさいたまスーパーアリーナの、巨大空間を大人数でシェアした集団生活が身体にこたえたからだった。周りに気を遣う生活は、味の素スタジアムに移ってからも変わらなかったが、規模は大幅に縮小されていた。

たび重なる移動と慣れない避難生活で、千恵子さんの体重は一気に七キロも落ちた。どんどん痩せて、体力がなくなっていく。故郷では、自分の畑で採れた野菜をたくさん食べていたが、それができない。

避難所で配給される弁当が、どうしても身体に合わなかった。贅沢《ぜいたく》をいってはいけないことはわかっているのだが、だんだん胃が受けつけなくなっていた。

千恵子さんは味の素スタジアムで、さいたまスーパーアリーナのことを決して悪くいわなかった。もっとひどいところ（原発に近いところ）から来ている人がいるのだから、苦労話なんてできない、と周りの人たちに心配りをしていたのだ。

父さんの海

杉本さん夫妻は、避難所が閉鎖される前日、二〇一一年五月二一日まで味の素スタジアムにいた。そこから多摩市にあるマンションに移り、一年間過ごした。支援者の厚意で家賃は無料。生活用品なども揃えてもらった。

小松川の団地での暮らしがはじまったのは、翌年（二〇一二年）五月からだ。四階の六畳一間は、一〇回の移動の末に落ち着いた「我が家」である。入居時にひとり暮らしと勘違いされたのか、二間の部屋もあるのに、一間だけの部屋をあてがわれたが、この団地には三年間住めることになっている。

千恵子さんの体重も、いまではもちなおしてきた。また、近くに長女が住んでいることは、なにより心強いという。

一方の光さんは、味の素スタジアムでは足を引きずっていたが、団地では元気に歩いていた。光さんは避難所で、夜になると自分が水につかっている夢をよく見たという。精神的にかなり追いつめられていたのだ。

団地のベランダからは、高速道路が見渡せる。入居してすぐのころは騒音に悩まされ、安眠できるようになるまでは時間がかかった。最近では車の音が故郷の潮騒のようにもきこえてくるようになった、と千恵子さんは冗談まじりにいう。

千恵子さんは壊滅した浪江町の請戸港で漁師をやっていた一家の出身で、海で育ったという気持ちがつよい。生家は津波にのみこまれ、先祖の墓も流されたので、墓参りをすることもできなくなった。いまでも漁協の二階のベランダに、漁船が乗り揚げたままだ。味の素スタジアムにいたころ、「船乗り仲間の情報が出ていない。浪江の人たちはどうなったか」と盛んに気にかけていた。

子どものころ、千恵子さんの周りには漁師しかいなかった。戦争中は、兵役に就いていた兄の代わりに、まだ小学生ではあったが父親・綱治郎さんの手伝いをしていた。漁を終えて船がもどってくると、砂浜のうえに船を押した。

綱治郎さんは、一五歳で漁師になり、三陸の海を拠点にしていた。八戸で荷揚げをしているとき、そこで働いていた母親と知り合い結婚。もともと請戸にはいなかったホッキ貝を、青森からもってきて浪江の海にまいた。その父親を、千恵子さんは誇りにしている。せっかく根づいたホッキ貝は、一九七一年に福島第一原発ができたときに、漁が禁止されてしまい、食べられなくなった。

「父の海を返してもらいたい」

千恵子さんは涙目になった。震災の前、三回ほど、千恵子さんは原発を見学に行っている。東京から南相馬市に引っ越したあと、東北電力が南相馬市小高区と浪江町に原発をつくるときいて、千恵子さんは電力会社主催の勉強会にも積極的に参加した。最後に質問を促されたが、手をあげる人は誰もいなかった。

町の公民館のボランティアをやっていたときには、電力会社が企画したバスツアーで福島原発に行く機会があった。バスの同乗者は農協のお偉方か町の議員ばかり。いつも議員たちが誰よりも目立っていた。千恵子さんは電力会社の職員に、どうして原発だけに力をいれるのか、どうして風力、波力には力をいれないのか、と質問したが答えはなかった。

海に消えたカネ

ふたりが東京で暮らしていたとき、お盆で浪江に帰ると、幼馴染《おさなな じ》みの漁師たちは、原発から補償金をもらった、と幸せそうな笑みを浮かべていた。それは、漁業権を放棄したため、原発の近くの海では漁ができなくなり、遠洋まで船を出すことへの補償金でもあった。

そのカネで豪華な家を建てる人が続出した。大工だった光さんは、友人たちから増築や改築についての相談を受けるようになった。そのつど、改築するならトイレや台所を生活しやすくする程度のリフォームにして、あとは「老後のためにカネを残せ」と忠告した。

それでも豪邸を建てる人や立派な墓を購入する人がたくさんいた。その大半が津波で流された。かろうじて残った家も、放射能汚染によって避難区域に指定されたため、住むことはできなくなった。

「原発から得たカネはすべて流された」

と光さんはいう。東電の関連企業や原発で働けば、ほかの仕事よりも儲《もう》かるからという理由で、農家の子どもたちは後を継がずに、原発で働くようになった。だから、原発に声高に反対を唱えられるような状況ではなかった。

それは避難してきた味の素スタジアムでもおなじだった。千恵子さんがべつの被災者に「東電の、原発さえなければ、こんな想いをしなくてよかったのに」とこぼすと、「東電の悪口をいうな」と怒られた。避難していた人のなかには、原発で働いていた人やその家族もいて、原発のことは批判しにくい状況だったという。

時間はどんどん過ぎていくが、将来的にはまた、小高に住みたい気持ちに変わりはない。もしも自分で家の除染ができるのならば、明日にでも帰って作業をはじめたいという。ふたりには、復興は自分たちの手で成し遂げたい、という強い意志がある。

だが、東京に住む子どもは、両親が小高に帰ることを望んでいない。高校を卒業したばかりの子どもがいる息子一家に、もしもふたりが小高に移り住んでも、孫を遊びに行かせることはできないといわれたことが、千恵子さんにはショックだった。

二〇一二年四月一六日、南相馬市小高区内の杉本さん宅がある地域は、避難指示解除準備区域に指定された。まだ、住むことは許されないが、一時的な立ち入りは可能になった。人が入りやすくなった分、テレビや家財道具一式を盗まれた人たちがいるという。そんな話を耳にすると、どうしても焦る。

これだけの損害を被り、もどかしい想いをさせられながらも、このときまで、ふたりは東電には一銭も請求していない。東電からは賠償請求の手続きをとるようにいわれているが、すこしでも多く、町の復興に予算をまわしてほしいという。

財産を失った人や、子どもがいる人、暮らしが苦しい人は、すぐに賠償金をもらわなくてはいけない、とふたりは口を揃える。が、自分たちのことになると、信念を感じさせる口調で、こういう。

「我々は年金で、まだがんばれる。一生懸命やっているから。だから、町の復興を優先してほしい。そうすれば、みんな早く帰れる」

団地での別れ際、千恵子さんは短くつぶやいた。

「あぁ、早く帰りたいよ」

二〇一三年一〇月から一一月上旬にかけて、わたしは何度か杉本さん夫妻が住む、江戸川区の小松川団地を訪ねた。携帯電話に連絡してもつながらず、部屋をノックしても、周りの人たちにきいてみても、手がかりはなかった。

その後も電話をかけつづけ、ついに二〇一四年三月、千恵子さんご本人が電話に出た。携帯電話の電源を切ったままの状態が多かったようだ。

ちょうど、わたしが団地でふたりを探していたころ、光さんが病気で亡くなっていたことを知らされた。享年八二歳。避難生活によって生じたストレスが、健康状態の悪化に影響した可能性がある、と医者からいわれた、と千恵子さんは悔しそうだった。

生まれ故郷に帰り、もとの生活を再開するというふたりの夢はとうとう叶わなかった。味の素スタジアムの避難所でも、小松川の団地でも、光さんは南相馬の自宅に残してきた、五〇〇鉢もの盆栽を気にかけていた。

「犬や猫なら自分で餌《えさ》をとって、生き延びられるけれども、盆栽は枯れていくだけです」

ずらっと並べた自慢のコレクションのむこうに、故郷の山々（阿武隈《あぶくま》山脈）がひろがって見える、とよく話していた。

震災後、キンバリーさんが懸念していたように、年配の被災者が故郷にもどれない事態は現実のものとなっている。彼女の先祖が経験した土地を奪われるという悲劇は、これからもつづく。

久しぶりに連絡がついた千恵子さんは、電話口でちいさな声でいった。

「仕方ないですよ。さみしいですね」

それからおよそ二ヶ月、二〇一四年五月に、千恵子さんがひとりで暮らす団地を訪ねた。六畳の居間のタンスのうえに、光さんの遺影が置かれ、両脇に花がたむけられていた。千恵子さんは、やや疲れているように見えた。何度も「避難生活さえなければ」とつぶやいた。ひとしきり光さんと南相馬の思い出を話したあと、「いつまでも、ここにいるわけにはいかないから」とすこし微笑んだ。

ネズ・パース族のゲェブ・ボーニーさんは、年長者のもつ英知は、先祖から受け継いだ土地で輝きを増すという。帰ることが許されないまま、よその土地で最期を遂げることの儚《はかな》さについてこう語った。

「先祖が暮らした大地にもどることができないまま、ひとりの老人を失うことは、大切な知識が詰まった分厚い本をなくすことに似ています。学ぶべきことはたくさんあったのに、貴重な情報源を受け継ぐことができないのは、民族にとっての大きな喪失なのです」

第二章　「辺境」の声

（左から）山形千春さん、一朗さん、リイ子さん　江東区東雲にて

大江雅晴さん　味の素スタジアムの避難所で

レノラ・スティールさんとその家族

大江雅晴さん　千葉市にて

ネイサン・リッチさん一家

レオナ・ウィリアムスさん

エリカ・カーソンさん

佐藤英明さん　南相馬市の被災

南相馬市の被災地

グレッグ・ルイス

長谷川健一さん

ジェラルド・ネイラー

「文明」という名の津波

「核開発は、我々にとって、日本を襲った津波のようなものでした。原子力は人間の力で制御できません。必ずや自然界に破壊をもたらし、人類の破滅を招きます」

アメリカ先住民、ピクリス・プエブロ族（ニューメキシコ州内に一九あるプエブロ系の部族のひとつ）の部族長ジェラルド・ネイラーさん（七二歳）は鋭い視線をわたしにむけた。心の底から突きあげてくるような低い声である。

大震災のあとの日本で、被災地のニュースに触れるたびに、わたしはネイラーさんのことを思い出していた。かねてから彼は、「ジェノサイドを経験した部族はすべてを失ったが、そこから立ち直り、生き残ってきた」と語っていたからだ。二〇一二年と二〇一三年に、そんなネイラーさんをニューメキシコ州の州都サンタフェに訪ねることができた。

ピクリス・プエブロ族は、居留地から車で二時間半ほど離れた観光地サンタフェで、白人の事業者と手を組んで、リゾート・ホテルを経営している。その人気ホテルの共同経営者となり、部族の再建に尽くしてきた偉大なリーダーのネイラーさんに、部族固有の経済開発の戦略について、わたしはこれまで何度か話をきかせてもらってきた。

居留地の近くに住んでいても、先住民はすでに歴史上の登場人物であると考える人、とくに若い世代が増えている。彼は、ホテル経営を通して先住民の雇用を確保するだけでなく、館内では部族の言語であるティワ語を使用したり、工芸品の展示にも力を入れている。先住民はいまもこの地で生活していることを、観光客に知ってもらいたいという。

人口二五〇人ほどのピクリス・プエブロ族は、第二次世界大戦前から核開発による深刻な環境破壊と闘ってきた。彼が批判する核開発とは、一九四三年にニューメキシコ州北部に住む複数の先住民部族の聖地に突如として建設された、ロスアラモス国立研究所（以下、研究所）のことを指している。ここは広島と長崎に落とされた原爆の開発現場であるだけでなく、現在に至るまで原子力開発の拠点として機能してきた場所だ。

地域の先住民にとって、精神世界とつながるためになくてはならないロスアラモスの大地には、いまも核関連施設が建ち並ぶ。厳重に警備され、立ち入りは厳しく制限されている。先住民が山菜を採ったり、狩りをしたり、祈りを捧げて土地とのつながりを確認する、というような伝統的な営みをつづけることはできなくなった。

ニューメキシコ州は、これまで地震が来ないといわれていた。しかし、二〇一〇年の冬にロスアラモス周辺地域で断続的に地震が起きた、と先住民の友人たちから連絡を受けた。揺れはちいさかったが、居留地の大半の人たちにとっては生まれてはじめての経験で、しばらくのあいだ地震の話題でもちきりだったという。

ネイラーさんは地面が揺れたとき、不吉なものを感じて、穏やかな心境ではいられなかった。「それは地球の怒りであり、先祖から受け継いだ大地が警鐘を鳴らしている」と動揺の色を隠せない。

ある日、ピクリス・プエブロ族の年長の女性が自然界の怒りを察知して、祈りを捧げるためにロスアラモスの近くの山に入ったが、すぐに森林警備隊に捕まり追いだされた。その直後に、巨大な山火事が発生。ロスアラモス近郊の山々を襲い、火の手が研究所に及ぶのではという不安が走った。

「長い年月をかけて自然と共存してきた先住民を無視し、核開発に手を染めた結果、多くの困難を引き起こすことになりました」

ネイラーさんは、ロスアラモスの川下では異様な色をした魚が棲息するようになり、周辺地域ではガンが多発し、深刻な健康問題が先住民を苦しめている、と嘆く。大震災後の日本社会の再建について、彼はまるで状況を把握しているかのように、確信に満ちた表情でこう話した。

「ちいさな兄弟たちが、なにを必要としているか、それに耳を傾けることです。彼らと共生するにはなにが必要かを真摯《しんし》に考えれば、おのずと答えが見えてきます」

自然界と深い関わりを紡いできたネイラーさんが気遣う「ちいさな兄弟」とは、主に昆虫や小動物のことを意味するのだが、何度も話をきいているうちに、だんだん「零細な人びと」ときこえるようになった。

ロスアラモスの汚染地帯や福島の避難地域に、人びとがもどれる日は来るのだろうか。

彼は、自信ありげな表情でこういった。

「自然はいつも正しい。そして、とてつもなく強く、偉大です。放射能で汚染された大地でも、時間はかかりますが、自然はぜったいに治癒します。人間はそのプロセスの邪魔をしてはいけません」

誰も住めなくなってしまった土地があったとしても、それは喪失ではない。じっくり待つ勇気があれば、自然がその摂理のなかで時を経て解決してくれる。間違っても、その過程で、核のゴミなどを押しつけたりして、あらたな破壊を招いてはいけない。

「人間は、自然界の営みに身を委ねるべきです」とネイラーさんは諭すような瞳になった。

利用される民

「私たちの土地は、先祖から相続したものではなく、子孫から借りているものなのです」

二〇一三年一月三〇日、国会での代表質問の際に、与党の自民党を批判しながら、民主党の海江田万里代表がこう発言した。どこの部族なのかは、はっきりと明言しなかったが、アメリカ先住民の言葉であるという。

原発の再稼働にさほど批判的ではない海江田代表が、先住民の言葉を借りて土地の大切さを主張しても、それはいかにも唐突な感じで、空虚に響いた。

おそらく海江田氏が引用したのは、現在ワシントン州の街、シアトルにみずからの名前を残す、チーフ・シアトルの言葉だろう。

"We do not inherit the earth from our ancestors ; we borrow it from children"

「子孫から借りているもの」よりも、「子どもたちから借りているもの」と訳した方が、現役の政治家としては説得力があったかもしれない。

先住民が自然と深い結びつきを有していることは、アメリカ国内でもよく知られている。あらたな試みをするときに、七世代あとの利益になるか否かを考えるというイロコイ連盟に伝わる教えは有名だ。

先住民イコール環境保護のイメージは、ニュー・エイジ運動に大きな影響をあたえたが、皮肉なことにアメリカの凄《すさ》まじき消費文化においても利用されている。同国のスーパー・マーケットでは、Seventh Generation（第七世代）と呼ばれる、エコロジーを売りにした洗剤、おむつやトイレットペーパーなどのブランドがヒットしている。

チーフ・シアトルの言葉は、さまざまな場所で引用されており、絵ハガキやカードなど、居留地の近くの土産物屋で目にすることがある。福島原発事故以降、日本でもエコロジカルな先住民のイメージを、再起を期する政党の代表までもが訴える時代になったのだ。

一方で、現代のアメリカ社会の環境破壊と辺境に生きる先住民には、密接な関係がある。原子力関連の施設に限ってみても、たくさんのウラン鉱山が、ニューメキシコ州に位置するラグーナ・プエブロ族居留地や、同州とアリゾナ州、ユタ州にまたがるナバホ族居留地に点在している。

主に一九四〇年代から一九八〇年代にかけて、なんら危険性を説明されないままウラン採掘の鉱夫にされ、低賃金で酷使されたのは先住民だった。この地域には、いまも健康被害を訴える人びとが数多くいる。

福島の被災者や原発爆発事故の後始末について、先住民が身近な問題として懸念しているのには、彼らのくぐり抜けてきた歴史と重なっているということ以上の意味がある。オーウェンさんやネイラーさんが語ったように、先住民はいまなお核開発の脅威にさらされている。核の汚染によって引き起こされる環境汚染は、彼らの日常に関わっている。

掘り起こされた大地

「ここは破壊された大地だ。それでも、ここは先祖から受け継いだ土地なのだから、我々は離れるわけにはいかない」

ニューメキシコ州のラグーナ・プエブロ族の居留地には、世界最大規模の露天掘りウラン鉱山の跡地がある。そこから車でわずか三分ほどの丘のうえに、自分の工房を構える、同部族の銀細工職人グレッグ・ルイスさんは、静かな口調でこう語った。

「人間は、人間の力ではどうにも解決できない大問題をつくってしまった。丘の下にはいまも、そしてこれからもずっと恐怖がある。こんな近くに暮らしているから、そのことを考えない日はない。それでも、ここで暮らすことが誇りなのです」

伝統的な土レンガでできた自宅の壁を大切そうになでながら、ルイスさんはそう話した。

彼にとって故郷とは、先祖から譲り受けた財産であり、その場所で暮らすことは、かけがえのないことなのだ。彼は生まれも育ちもカリフォルニア州、さまざまな人種に囲まれて暮らしていくうちに、自分が誰だかわからなくなりかけていた。

先祖が暮らした大地に触れたいという想いに突き動かされて、彼は成人してからラグーナ・プエブロ族の居留地に引っ越してきた。「大地と密着した暮らし」をもとめていたのだ。どんな土地であれ、自分のルーツを感じることができて、神聖であることには変わりはない。戸惑いはなかった。

先住民の創造神話の大半は大地や海に由来する。たとえば、ほとんどのプエブロ系の部族の場合、この世に生まれ、生活し、死ぬという営みが、おなじ場所で進められる。大地と密接に関わりながら、彼らの暮らしは成り立っている。

土地を離れることは先祖との断絶を意味するだけではなく、子孫との関係も絶やすことになり、部族や自分のアイデンティティの崩壊につながる。

ウラン鉱山の跡地がある丘の方に目をやると、数軒の家が並んでいる。そこには、危険を知りつつも、現在も汚染された地域に住みつづけている人たちがいる。

冷戦時代、一九五三年から一九八二年にかけて、この集落からたくさんの人たちがウラン鉱山に出かけ、アメリカの核開発を底辺で支えた。ほとんどの鉱夫は鉱山会社からなにを採掘しているのか知らされないまま、時給二ドル未満で酷使されつづけた。また、鉱夫のなかには、英語を理解しない人もいて、作業の危険性は共有されていなかった。それでも仕事がない居留地には、降って湧いた雇用だった。

彼らは露天掘りの穴から這《は》いでて、着替えもしないまま家に帰り、子どもたちと時間を過ごした。疲労困憊《こんぱい》して、そのままベッドに倒れこむものもいた。

ウラン鉱石の粉塵《ふんじん》にまみれた運搬車両は、鉱夫たちの輸送に利用されたばかりか、子どもたちのスクールバス代わりにもなり、集落間の移動にも重宝された。車が普及していなかった居留地では、トラックは貴重だった。現在も数多くの先住民が肺ガンなどの深刻な健康被害を訴えている。

奪われた聖地

二〇一〇年の米国国勢調査局の発表によれば、アメリカ先住民（アラスカ先住民もふくむ）の人口は、約二九三万人（先住民以外の人種も同時に申請した人を加えると五二二万人以上）。総人口約三億八七〇〇万人の〇・九パーセントを占めるにすぎない。

二〇〇〇年の先住民人口は、およそ二四七万人（先住民とほかの人種も同時に申請した人との合計は約四一二万人）だった。人口は増えているのだが、混血化が進んでおり、言語や文化の継承は難しい局面を迎えている。

現在、連邦政府から承認を受けた部族の数は、五六六。先住民の自治が認められている居留地は三三五にのぼる。それぞれの居留地には部族政府が置かれ、部族法を行使することができる。「移民の国」と呼ばれるアメリカは、「先住民の国」でもある。

海沿いや山間部、砂漠地帯や豪雪地帯など、住んでいる地域や生活様式、言語などによって、ひと口に先住民といっても、さまざまな文化がある。人口三〇万人を超える、ナバホ族のような大きな部族がある一方で、カリフォルニア州には人口が五〇〇人未満の部族も多く、その規模は一様ではない。

それでも、多様な歴史と文化をもつ先住民には共通点がある。それは、アメリカ史のなかで執拗《しつよう》なまでに繰り返された虐殺や暴行、残酷な同化政策を生き抜き、今日もつぎの世代に希望を紡いでいることだ。

先住民が生きる大地は、核開発の犠牲になってきたことはすでに書いた。ロスアラモスの研究所は、第二次世界大戦中にニューメキシコ州の北部、複数の居留地に囲まれた丘のうえに建設された。この丘は、先住民にとっては、先祖伝来の聖地である。

現在も周辺には、複数のプエブロ系の部族の居留地がある。連邦政府が原爆をつくる機密事業（マンハッタン計画）にふさわしい場所と白羽の矢を立てたのは、先住民の生活圏のまんなかだったのだ。

ロスアラモスでは、プエブロ系の部族の男性は建設労働者として、女性は移住してきた白人科学者たちの家庭に仕えるメイドとして働いた。当時の労使関係はそのままつづいていて、相変わらず先住民は単純作業の労働者である。

一方で、いまでも研究所関連の仕事といえば、「ハイテク産業」に従事している、というポジティブなイメージが伴う。安定した雇用を生みだしている原子力研究所にたいしては、部族社会でも肯定的な意見をもつ人がすくなくない。

研究所のバイト

ロスアラモスから車で三〇分ほどのところにある、オケ・オウェンゲ族（旧名サン・ファン・プエブロ族）の居留地では、いまもゆったりとした時間が流れている。

二〇年以上にわたって親しくさせてもらっているマルチネス一家にも、長年にわたって研究所で働いていた六〇代の男性親族がいる。しかし、そのことは家族にも知らされていなかった。その男性の弟たちが研究所の存在に反対だからだ。

これまでにわたしも、その男性の家に遊びに行ったことがあるのだが、部族の仕事以外に、べつの職に就いているとは知らなかった。二〇一三年にも、彼と話をする機会があったが、ロスアラモスで働いていたことにふれるのはタブーだった。

レイチェル・マルチネスさん（四〇歳）は、コミュニティ・カレッジの一年次（一九九二年）に、研究所で六ヶ月間アルバイトをした経験がある。高校を卒業するときに、パートタイムの仕事に応募し、四回の面接を経ての採用だった。

配属先は地球物理学関連の研究施設。会議のための会場の設置や、ほかの地域からやってくる科学者の旅行の手配などが主な業務で時給は一三ドルだった。当時、居留地の近くにある働き口は、ファーストフード店ぐらいのもので、時給は約五ドル。明らかに割のいい仕事だった。収入のほとんどは、教科書などの学用品に消えた。

オケ・オウェンゲ族の居留地にいたときに、「仕事に遅れる」と、嬉しそうに叫びながら、ロスアラモスにむかう車に飛び乗るレイチェルさんの親戚を見送った思い出がある。その光景は、のどかなプエブロ社会ではどこか不自然に映った。

概して先住民は時間にルーズで、そのあてにならなさを比喩《ひゆ》した「インディアン・タイム」という言葉がある。先住民ではない人がこの表現を使うと反感を買うが、当時、研究所で働く彼女たちは「インディアン・タイムはぜったいにだめ」と話していた。

大変そうだったが、どこか誇らしげだった。ハイテク産業で働く先住民は、とても「クール」だったのだ。

部族の人たちだけでなく、周辺市町村に住む人たちも、ロスアラモスイコール核ミサイルや原子爆弾とするネガティブなイメージを払拭《ふっしょく》しようとしていた。双方ともに、研究所とちがったロスアラモスの一面を強調している。

たとえば、ロスアラモスには設備が整った近代的な病院があるとか、州内でトップクラスの高校があるとか、優秀な科学者が多く住んでいる、ということがよく話題にあがった。高地にあるため、オリンピックの強化選手のトレーニングに適している。これはクリーンなイメージづくりには最適だった。レイチェルさんは研究所の経済効果には感謝するものの、部族の視点に立つと複雑な気持ちになるという。

ロスアラモスにつづく州道は、オケ・オウェンゲ族の居留地を縦断していて、研究所から吐きだされた放射性廃棄物を載せた運搬車両が走り抜ける。神聖な山間部を危険な物質が通過することに、苦言を呈する人はすくなくない。ただそれでも、部族に雇用を提供している以上、公然と批判することはできない。

ロスアラモスでつくられた原子爆弾（リトルボーイとファットマン）が、一九四五年に広島と長崎に投下される直前に、原爆の実験場となったニューメキシコ州南部のトリニティーサイトもまた、先住民メスカレロ・アパッチ族などの生活圏だ。冷戦中にはネバダ州のウェスタン・ショショーニ族の生活圏であるネバダ実験場で、九二八回にものぼる核実験がおこなわれた。

さらに一九九〇年代にかけてカリフォルニア州政府が建設を後押ししていた、低レベル放射性廃棄物最終処分場建設の予定地は、モハベ族の聖地の近くだった（抗議運動によって、この計画は白紙撤回された）。

先住民が暮らす大地は、大部分が社会的・地理的な辺境にあるからか、えてして都市部の住民が疎む、核施設やゴミ処分場などの迷惑施設を押しつけられる。原子力産業や廃棄物処分の業者は、先住民が直面する貧困問題につけこんで、極端に割安な補償金で手を打とうとする。

全米の貧困層の割合は一四・三パーセントだが、先住民の場合は二七パーセント、黒人の貧困率（二五・八パーセント）よりも高く、いまでもアメリカで一番貧しい民族集団だ（全米国勢調査局、二〇〇九年）。

失業率に関しては、一四・六パーセントで黒人の一五・九パーセントには及ばないが、ラティーノの一一・五パーセント、アジア系七パーセント、白人七・二パーセントよりも高い。これらの統計は都市部に暮らす先住民がふくまれており、居留地の貧困は見えにくい（米国労働省、二〇一一年）。たとえば、ウラン採掘の現場となったナバホ族の居留地の失業率は、同部族天然資源局が二〇一二年に発表した報告によると、四二パーセントと依然として高い。

貧困だけでなく、女性への暴力も顕著だ。アムネスティ・インターナショナルが、二〇〇七年に発行した報告書によれば、実に三四・一パーセント、三人にひとりの先住民女性が、レイプの被害に遭うという。

それでも親族間のつながりが密である部族社会では、レイプの被害を恥と見るむきがあり、被害者が名乗りでる割合は目立って低い。

加害者の人種を見てみると、べつの問題が浮かびあがってくる。白人女性をレイプした加害者は白人男性が半数以上を占め、その割合は六五・一パーセント。同様に、黒人女性の場合、加害者の八九・八パーセントが黒人男性だ。一方で、先住民の女性の場合は、加害者がほかの人種である割合が八六パーセントにもなる。

彼らの先祖が遺した言葉や哲学（その大半が白人に記録された）がアメリカ社会に紹介されることはあっても、子孫が直面する現状が伝えられることはきわめて稀《まれ》だ。先住民の美化されたイメージと彼らが実際に生きる現実との乖離《かいり》、極度に相反する「二面性」がある。

下北半島と先住民の大地

二〇〇七年冬、わたしは朝日新聞青森総局から依頼された取材で、久しぶりに下北半島を訪れた。現在は核燃料サイクル施設が建設された六ヶ所村だが、最初に行った一九八〇年代後半は、反対する住民も多く、遠く海岸線を見渡せる広大な大地に強い風が吹きつけていたのが印象的だった。

記事は、「朝日新聞青森版」二〇〇八年元日号に一枚の写真とともに掲載された。

わたしの専攻するアメリカ・インディアン（以下、先住民）と米国の原子力開発は密接に関わっている。先住民の生活圏は経済開発に恵まれず、核廃棄物の貯蔵所に選ばれてきたが、それは下北半島の状況と驚くべきほどに類似している。

昨年一二月中旬、一九年ぶりに雪の舞う六ケ所村を歩いた。あの頃の古川伊勢松村長（七三～八九年）の実弟が古川健治現村長で「エネルギーの町づくり」と「村の自立」を提唱する。かつて村民の理解が得られず、反対派もいたが、雇用の増加による過疎対策が功を奏し、原子力と共存共栄する時代になったと古川村長は語った。

日本原燃の幹部職員は間もなく本格稼働する再処理工場をバネに「六ケ所をもの作りを核とした町にしたい。地元と長いおつきあいをして行きたい」と意気込んだ。

しかし、六ケ所高校を卒業したという二〇代の女性は再処理工場ができてから村での仕事は増えたが、それでも仲間は都市に移り住んでいる、と言う。都会生活への憧れを地元の雇用だけで食い止めるのは難しい。

再処理工場が建設されたあとも生活を変えない人たちがいる。「農業に適さない僻地」とのふれこみで開発はやってきたが、「土地は肥沃で、生活に必要なものは何でも手に入る」と花農家の菊川慶子さんは、地道に反対運動を続けてきた。

隣村の東通村の海は昔の海ではない。マグロ漁で活躍した東田貢さんは「原発の港湾建設で地形が変わり、何百年とおなじだった潮の流れを変えてしまった」と嘆く。

原発建設であてにしていた土木工事も、落札するのは大企業だけだ、という。大企業は下請け業者を連れてくる。地元の人たちは孫請け企業に入る。月収は一六万円ほどで、家族を養うのはきびしい。原発は雇用を促進したが、出稼ぎに行かないと食えない現状は昔と変わらない。

民俗学者の竹田旦は『下北―自然・文化・社会』（六七年、九学会連合下北調査委員会編）で、東通村のある集落について「『部落』を単位とする生活規制がきわめて卓越し、部落が一個の生活共同体としての意義を高度に発揮している」と書いている。

こうした共同体意識はいまも残る。東田さんは「儲かったのは一部の人だけでないか。全員が幸せになるのが村の民主主義だべ」と話した。特定の人だけでなく村全体が潤うことをもとめる温かな気持ちに、先住民の部族社会を見る思いがした。

八七年、米国カリフォルニア州政府は先住民・モハベ族の生活圏を放射性廃棄物の処分場予定地に選定した。モハベ族は先祖代々からつづく聖地を守るために反対運動を起こし、ついにこの計画を廃案に追い込んだ。

モハベ族には、全員が納得するまで話し合う文化がある。「廃棄物との共存」を前提とする経済開発をもくろんだ州政府の政策は、結局、合意されなかった。

下北半島の突端、大間町に足をのばした。小笠原厚子さんはここの原発建設予定地内で母親から受け継いだ土地を守っている。ただ一人土地を売らなかった母、熊谷あさ子さんの「海と土地を守っていれば、どんなことがあってもなんとかなる」という言葉を、彼女は信じている。

「国策はみんなのためにあるべきもので一人でも人間の犠牲のうえに成り立ってはいけない」

下北半島の住民とアメリカの先住民社会にみられる共通点は、原子力産業との「共生」を強いられていることだけではない。先祖から受けついだ暮らし方を、将来の生活に紡ぐ人びとがいることだ。下北半島は、未来から、この国の民主主義のあり方を問いかけている。

この記事には、『状況、米先住民と類似』という見出しがつけられた。六ヶ所村の取材で驚かされたのが、いくつもの巨大な風力発電のプロペラが、再処理工場を取り巻くようにして、大地に根をおろしていたことだった。

村役場のホームページによると、七七基の風車が電力をつくりだしている。クリーンなエネルギーの村のイメージ操作のように見えるが、風が強いため風力発電の会社が進出してきたのだ。それでもロスアラモスが水泳選手のための高地トレーニング用のプールを宣伝して、研究所のイメージを一掃しようとしているのに似ている。しかし、核エネルギーから自然エネルギーへと、時代があらたな展開を見せてきたことを示している。

アメリカでは、放射性廃棄物の貯蔵施設や最終処分場の建設候補地としてあげられるのは、たいてい砂漠などの乾燥地帯だ。だから、水資源に乏しい、農業に不向きな辺境に位置する先住民の居留地が、うってつけとされた。しかし六ヶ所村に来た日は、重い雲の下でみぞれだった。周りは沼地で、なによりも海に近い。

応対した六ケ所原燃PRセンターの男性職員は、盛んに「ウィン・ウィン」という言葉を発した。地元も潤い、企業も潤うという意味だ。いい換えると、受け入れる側も押しつける側もともに栄えるということだが、事故が起これば、ウィンしないのは地元だけのような気がした。

そのとき、わたしはこの地に生きる人たちが、先住民のように、権力の都合で転住を繰り返してほしくないと思った。しかし、その悲劇は、おなじ東北地方で、それからおよそ四年後に現実のものになった。福島県からの避難民の姿が、追われゆく先住民と重なってしまうとは、このとき想像できなかった。

踏みとどまる人

二〇一二年八月の暑い日、南相馬市を訪れた。汚染のひどい地域の近くで暮らしている人に会いたかったからだ。

案内してくれたのは、震災前まで南相馬市で養豚業を営んでいた佐藤英明さん（六三歳）だ。震災後、避難生活を余儀なくされたものの、現在は、原発からおよそ二五キロの同市原町の自宅で、暮らしている。

ハンドルを握る佐藤さんは終始リラックスしていた。気がついたら、福島第一原発から二〇キロ地点を通過していた。立ち入り禁止区域に指定されていた二〇一二年三月まではあったという、バリケードや警察の検問はなかった。原町から南下した車は小高川橋を渡り、原発から一六キロ未満の地点まで走った。

ずいぶんあっけなかった。おそらく杉本さん夫妻が暮らしていたところから一～二キロくらいしか離れていないはずだ。

あたり一帯にはすえた臭いがした。充満しているというのではなく、潮風に流されながらも、なにかが停滞しているように感じた。

海上一面には濃い霧がかかっていて、幻想的だ。途中、巡回中のパトカーとすれちがう。と、こちらの車に近づいて止まった。

「どちらから」

「原町です。東京からのお客さんを案内しています」

と佐藤さんが落ち着いた声で答える。

「あんまり入らないで」と厳しく警告する風でもなく、フレンドリーだった。堂々と受け答えをしないと、なにかを物色している輩《やから》と間違えられてしまうらしい。立ち入り禁止が解除されてからは、空き巣が増えたという。

周囲には津波の被害を受けたままの家が点在している。海に近づくほど、整理がすんでいて、瓦礫《がれき》はなくなり、建物の基礎部分だけが、大地に根を生やした大木の切り株のように残っていた。

車内のスピーカーからは、きき覚えのある五木ひろしの歌が大音量で流れている。その迫力ある歌声に負けないくらいの声量で、佐藤さんが唱和する。音域がひろく、透き通るような美声が響く。佐藤さんは、自慢ののどで南相馬市周辺の地域社会を励まそうと、仮設住宅や老人ホームなどの慰問活動をしている。

もともとは群馬県の農協の職員だった佐藤さんが、二六歳のときにはじめた養豚業は順調に業績をあげ、事故当時は二階建ての豚舎（四〇〇〇平方メートル）に三〇〇〇頭の豚を所有するほどになっていた。巨大な豚舎は、地震も津波の被害も受けなかった。

原発事故のあと、家族や周りの人たちがつぎつぎに避難していくなかで、佐藤さんはひとり豚舎に留まり、ともにがんばってきた豚たちの世話に奔走する。

「俺には豚がいる。三〇〇〇頭もいる。置いてはいけねぇから。豚を見捨てるわけにはいかねぇ」

孤軍奮闘したものの、餌が入ってこなくなった。さらに、三月一五日には山形県の業者から「南相馬の豚は、放射能で売れない」と連絡が入った。

それでも豚舎に残って、豚の面倒を見ていた。餌は尽きたが、運よく中通り地方からインスタントラーメンやパンくずを手に入れ、それを豚にあたえて凌《しの》いだ。

三月末まで踏ん張ったものの、豚たちはつぎつぎと餓死していった。佐藤さんは家族同然に接してきた豚とともに、仕事も失った。

「どうしょうもねぇよ」

と、小声でつぶやいた。その後、一時期避難したが、二〇一一年の一〇月から自宅に帰って、生活を再開した。

佐藤さんの住まいは、海岸からおよそ一・五キロしか離れていない。それでも、高台にあったため、浸水したものの、流されずにすんだ。周りの住宅はすべて津波にのまれ、あたりはなにかにえぐられたように、更地になっている。佐藤さんの家だけが奇跡的に大地に踏みとどまり、まるで最後の牙城《がじょう》のように見えた。

車を運転している最中や自宅に到着してからも、佐藤さんは時折声を詰まらせる。被害に遭った親戚や友人のことが頭をよぎるのだ。震災の被害の話題になると、急に口が重くなり、すこし涙目になった。

「ここへ来てくれる人たちから、生きる力をもらってきた」

ボランティアをふくめ、震災後に出会った人たちへの感謝の念は強い。だから、初対面の人でも「誰でも息子のように扱う」と、共通の友人を通して知り合った、わたしのことを受け入れてくれたのだ。

わたしが訪ねた日、大阪から復興作業をしに来ていた、三〇代後半の男性が居候していた。わたしも、佐藤さん宅に一宿一飯のお世話になった。泊まらせていただいたのは、宮城県岩沼市で仕事をしている息子さんが使っていた二階のひろい部屋だった。原発事故が原因で避難している方の部屋で一晩寝させてもらうのは、気が引けたが、家主のご厚意に甘えることにした。

夜は名物ホッキ飯のご相伴にあずかった。刺身や自家製の無農薬野菜などがどんどん出てくる。絶妙な風味とコクがあるホッキ貝は北海道産だといったのだが、福島のものはもっとおいしいといいたげだった。

翌朝、地元紙「福島民友」（二〇一二年八月二二日）に掲載された放射線量（七月四日〜八月六日）を指し示す地図で、昨日連れていってもらったところを確認してみると、一マイクロ・シーベルト未満。その地図によれば、放射能は真北ではなく、北西にひろがっていた。佐藤さんが暮らす南相馬市原町より、原発から遠くても、放射線量が高い地域がたくさんある。

佐藤家の放射線量は比較的低いが、原発から三〇キロ圏内という理由で、ひとりにつき月一〇万円の補償金をもらっていた。が、放射線量が高くても、補償が支給されない地域もあるという。

「なんだかんだいいながら、わからんべさ」

この場所に住んでいる人にとっては、新聞に掲載されるちいさな地図が、安全を確認する目安になっている。

原発事故のせいで、生活手段を失った。そのうえ、子どもたちは避難を決断し、家族はバラバラになってしまった。

それでも、「これまでとくに（原発に）反対してきたわけでないのだから。そんなこと気にしたってしょうがねぇ」と、さまざまな不条理にも声を荒らげるわけでもない。津波や地震で原発が停止するなんて、考えたこともなかった。なにがあっても大丈夫と信じきっていたのだ。

「原発にだけ反対してもだめだ。もっと人間としてどうあるべきか、なにが地球のために大切なのかってところを追求していかなきゃだめだ」という言葉が重たく響いた。

原発の大爆発があっても、明確な方針を指し示さずに、民意を反映しない政策をつづける政府にたいして、その言葉は発せられているようだ。

二〇一三年八月、『NHKのど自慢』が南相馬市で開催された。佐藤さんは、陸前高田で津波から生き残った松の木を唄った千昌夫の『いっぽんの松』を南相馬風に一部アレンジして挑んだ。最終予選まで勝ち残ったものの、本戦出場はならなかった。放映された本番には、災害を乗り越えた老若男女が出場し、感動的だった。

原発事故で家族が離散し、「おふくろ、お墓参りは俺が代表してやっておくから、安心して待ってろ」とブラウン管のむこうの家族に語りかける初老の男性の姿に目頭が熱くなった。夜、佐藤さんに電話を入れると、友人たちと酒の席を囲んでいる最中だった。テレビでは歌声は流れなかったが、最近は仮設住宅で歌を披露していると鼻息が荒い。力強い歌声に涙を流す人もいて、手応えはあるようだ。

「やっと、感謝だけの気持ちで歌えるようになった。やり遂げたとか、そんな感じは一切なくて、ただ、感謝の気持ちで歌えるようになったんだ」

素人離れしているところが、『のど自慢』にはそぐわなかったのかもしれない。ただただ、なにがあっても歌いつづけてほしいと思った。

伝統工芸の活性化を糧に、部族文化の復興を目指すピクリス・プエブロ族のネイラーさんに、佐藤さんの活躍を伝えると、しばらくじっと考え込んでから、こう話した。

「災害を生き延びた人の心だけでなく、大地をも癒す力があるのでしょう」

もとの住所

南相馬市を訪ねた翌日、佐藤英明さんに車を出していただき、隣の相馬市に足を伸ばした。以前に味の素スタジアムで出会った、佐藤照子さん（五八歳）が、相馬郡新地町の仮設住宅で暮らしながら、相馬市内の保険会社で働いていることを知ったからだ。

佐藤さんは、福島第一原発から一〇キロ圏内の富岡町から避難していた。味の素スタジアムでは、なにをきいても、どんなに原発のことで周りが騒いでいても、「すぐに収まるから」と明るく、穏やかだった。

しかし、避難所のロビーでお目にかかった一三日後（震災から四一日後）の四月二一日には、福島第一原発から二〇キロ圏内が警戒区域に指定され、立ち入り禁止になった。

それ以降も、原発周辺地域には、誰も住めない状況がずっとつづいている。

待ち合わせ場所は、相馬市内にある大通りに面したファミリーレストラン。仕事中の佐藤さんはスーツ姿であらわれた。避難所で会ったときとは雰囲気がちがい、躍動感に溢《あふ》れている。

佐藤照子さんは南相馬市小高区出身。市内でも一番南に位置し、浪江町との境に位置する地域だった。高校卒業後は仙台で仕事をしていたが、結婚してからはおよそ二二年間にわたって、双葉町で時計店を営んでいた。震災の四年前から、富岡町で暮らしながら、南相馬市の保険会社で営業の仕事をしていた。現在は、相馬市にあるおなじ会社の営業所に勤務している。

三月一二日に原発が爆発したときいたとき、「原発の知識がないから怖くなかった」という。

「すぐに家にもどれるだろう」

と歯ブラシなどをもって、着の身着のままで家を出た。避難するのはせいぜい一日から二日だけだと思っていた。そんな軽い気持ちだった。

住んでいた富岡町から車に乗り、当時一九歳だった次女と隣人の三人で役場のバスのうしろについて、浜通りを離れた。三ヶ所の避難所をまわったが、どこもいっぱいだった。その後、三人は滝根町の体育館に身を寄せて、二泊したのち、味の素スタジアムにむかった。着いたのは、三月二〇日ごろだった。スタジアムには、約四〇日間滞在した。そして、江東区東雲の公務員宿舎に移動し、三ヶ月間を過ごした。それから新地町の仮設住宅に落ちついた。一緒に避難した娘はそのまま東雲に残り、東京で働くことになった。

味の素スタジアムの避難所では、臨時に対応した都の職員たちが、親身になって面倒を見てくれたという。滞在中にはプロ野球選手や大相撲力士、俳優などが慰問に訪れ、皇太子夫妻にも会えた。福島で普通に暮らしていたらありえないことだ、とすこし昂揚《こうよう》した面持ちになった。

避難所では、福島県をあとにしたべつの四家族と三〇畳くらいの部屋をシェアしていた。そのうちの二家族はいわき市からで、ライフラインの停止に伴う避難だった。あとの二家族は福島第二原発のある楢葉町《ならはまち》から来ていた。

佐藤さん親子をふくむ、全部で一四人での共同生活は和気あいあいとしていて、家族のようだったと振り返る。いわき市から避難した家族は、そのあと家にもどることができて、いまでも電話などで連絡をとり合っているという。

一方で楢葉町から来た人たちは、連絡がつかない。すぐに帰れると思っていたのか、楢葉町の住所と電話番号だけを残していったからだ。

わたしもおなじ理由から、被災者の方と連絡がとれなくなったことがあった。住所は存在しても、その場所にもどれないまま時間だけが過ぎていく。原発事故の恐ろしく、残酷な余波である。

佐藤さんがすぐにもどれると思った富岡町の家には、二〇一一年八月になるまで一時帰宅できなかった。久しぶりに家にもどれたものの、ビニール袋ひとつ分の荷物しかもち帰ることは許されず、佐藤さんは会社の営業バッグを取ってきた。震災前とおなじように仕事をつづけていくためには、会社関係の書類が一番重要だったのだ。

東電との暮らし

「(双葉)町は原発と共存共栄していたから、大事故があっても原発反対とはなかなか考えられない」

と佐藤照子さんはいう。双葉町で営んでいた時計店ではバブル経済の余韻もあり、一九九八年くらいまでは景気がよかった。毎月、一〇〇万円から二〇〇万円もする高価な時計が売れる時期もあった。東電の影響も大きかった。

「東電さんに勤められれば、すごいなと思っていた」

地元の企業よりも待遇はよく、友だちのなかにも勤めている人がいて、財布の紐《ひも》がゆるかった。「東電さん」のおかげであたらしい施設ができ、暮らしもよくなっていた面があった。

おなじように東電にたいして好意的な発言は、双葉町から埼玉県加須《かぞ》市旧県立騎西《きさい》高校に避難した人たちを取材しているときにも、何度となくきいた。「原発がなければ、双葉はだめだった」という声や、原発の建物に愛着があったという意見もあった。原発を誘致した自治体が受けた経済的な恩恵は大きかったのだ。

佐藤さんに、震災以降の約一年四ヶ月は、どんな日々だったのかを尋ねた。

「長いものにまかれていったという感じ。大きな流れに流されて、いくらもがいても、もがき方もわからない、大きな流れについていったところが、スタジアム（味の素スタジアムの避難所）だった。怒りよりも、流された先でがんばるっていう感じだった」

もがきながらも、自分のするべきことを必死にこなしている。常に前をむいて生活し、ポジティブなエネルギーを感じさせる人である。

生まれ育った小高区の話をしているときに、ふと、いまは南相馬市の原町にある仮設住宅で生活している、八八歳になる佐藤さんの父親の話題になった。わたしと再会した、その日の朝、七時半に佐藤さんが仮設住宅に会いに行くと、すでに留守だった。母親によると、小高区にある家にもどったという。まだ住むことは許されないが、立ち入りが許可されて以来、草むしりや掃除をはじめている。

「八八歳なのに、帰ったときのためにやっているのです」と佐藤さんは誇らしげな顔になった。原発からおよそ一二キロしか離れていない小高区の家へ原町の仮設住宅から、車で約三〇分。距離にしたら二〇キロくらいの道のりを自分で運転して行く。居住制限が解除されるときのための準備である。そこには土地や家への並々ならぬ想いがうかがえる。

事故を起こしたチェルノブイリの周辺地域に住もうとするお年寄りたちの気持ちが、いまならわかる、と佐藤さんはつづける。

「批判や非難ばかりしても前には進めない。自分で前に踏みだせないことには、なにも変わらないから。現状を受け入れて、自分のこれからのことをやっていった方がいい」

そういって、仕事にもどっていった。味の素スタジアムでは、初対面であるのにもかかわらず、佐藤さんは仕事のことや家庭のことを気さくに話してくれた。その明るさは、福島にもどってから、さらにやさしく、輝いて見えた。

しかし、人びとが深い愛情を寄せる故郷が、一瞬にして放射能汚染地帯になってしまった現実は、いまなお厳然としてある。

被爆二世として生きる

「福島は忘れられている。広島、長崎だってとっくに忘れられている。福島は一〇年経ったら、なかったことにしようってことになる」

味の素スタジアムの避難所でインタビューした人のなかに、長崎で被爆した母をもつ大江雅晴さん（五八歳）がいた。スタジアムでは、放射能の危険性を教育してこなかった日本社会への怒りを語っていた。「日本という国はなんでもなかったことにする」という言葉がとくに印象に残った。

震災から一年五ヶ月が過ぎた、二〇一二年八月一五日の終戦記念日に、千葉県に移り住んだ大江さんと千葉駅の改札で待ち合わせた。

大江さんは福島第一原発から五六キロ離れた二本松市で被災。津波はもちろん、地震の被害もひどくはなかった。それでもライフラインが途絶えたため、親子三人（妻四六歳と娘一八歳）で二本松市内の避難所に身を寄せた。テレビでは、官僚が状況を説明していた。「根拠もなく、枝野（幸男官房長官　当時）さんがただちに問題（放射能の影響）はないといった。それはいい換えれば、先で影響があるという風にもとれる。そのいい方がおかしい、なにか隠しているのではないかと思った」

被爆二世の大江さんは、官房長官の言葉を素直に受け止める気にはとてもなれなかった。若いころは健康だったが、これから先になにかあったときに、「被爆二世だからか」と思うかもしれないという。大江さんが危惧《きぐ》しているのは、放射能の影響は長い年月を経てからあらわれる可能性があるということだ。

原発事故のあと、大江さんはすぐに東京に逃げたかったが、ガソリンが手に入らなかった。それで一〇日ほど二本松市内の避難所に滞在することになった。避難所では、原発で負傷した人がやってくるらしいという噂が流れた。ところが、市の職員は無関心だった。「迎えに行かなくてもいいのですか」とせかすと、その職員は「えーっ」と声をあげて、怖がる素振りを見せた。

生まれ育った長崎では、子どものころ、頬《ほお》に火傷の跡がある先生がいた。そんな世代が死んだあと、誰が放射能の恐怖を語り継いでいくのかと、大江さんは懸念している。

大江さんの長崎の実家は、爆心地から四・一キロしか離れていなかった。爆風で家のガラスはすべて吹き飛んだが、そのあいだに山があったからか、それ以上の大きな被害には遭わないですんだ。

家のなかにいた母親は、八六歳まで生きた。そのとき庭で遊んでいた大江さんの長姉

（当時二歳）は、いまも元気にしている。ふたりは原爆手帳の交付を受けたが、長崎市外に住んでいた人たちのなかにも、深刻な健康被害に苦しんでいる人たちがいる。大江さんは手帳の交付の基準について、見直しが必要なのではないかと指摘する。

行政機関が放射線量をどこで、どのように測定し、それをどのように活用するのかというのは、複雑で難しい問題をふくんでいる。長崎の被爆者とおなじように、福島の人びとのなかにも行政による線引きによって置き去りにされる人が出てくるのではないだろうか。

最初の避難所を出た大江さん一家は、二本松の住民センターに移った。普段は踊りの教室などがひらかれる畳の部屋に泊まれるようになったのがありがたかった。住民センターには、すでに浪江町から避難してきた人たちが二〇〇人以上いた。その人たちは、古い体育館に段ボールと耐熱シート、そのうえに布団を敷いて寝ていた。

なかには、脳溢血《のういっけつ》で倒れて、病院から退院してきたばかりの老人も、寝たきりのまま収容されていて、見るからに苦しそうだった。一方で畳の部屋はあまっていた。

大江さんは住民センターのセンター長に、病人を優先的に畳の部屋に移した方がいいのではないか、と訴えた。しかし、「だめです」と断られた。

「浪江の人たちはここ（体育館）という決まりだから、動かせない」

「決まりで人が死んだらどうするんだ」といい返した。

何度か話し合いをした結果、やっと移動が許可され、赤ん坊と老人がいる世帯は個室に移ってもらえた。本来ならば優先されるべき弱者が、必ずしも大切にはされていない。

「地震はしょうがないが、そのあとの対応の悪さで死んだ人もいるのではないでしょうか」と大江さんはいまでも心を痛めている。

繰り返される過ち

三月二三日ごろ、大江さん一家は味の素スタジアムに到着した。二本松市には、避難しない人もたくさんいたが、安全だという政府の説明に、「不信感」をぬぐいきれなかった。福島第一原発が水素爆発を起こしたとき、大江さんは一〇〇キロ離れないと安心できないと感じていた。避難する途中で、行政への不信感がどんどん増幅していった。

「政府がいっていることが正しければ、安全なんです。でも、それが信じられないんです」

四月一二日、それまでレベル五だった原発事故のレベルは一気にレベル七に跳ねあがった。避難区域はどんどんひろがっていく。

味の素スタジアムには、福島原発内で事務の仕事に就いていた三〇代の女性も避難していた。大江さんがその女性に、原発には危機管理マニュアルはあるのかときくと、「原発のような大きな施設では、ひとつのマニュアルじゃ足りないからいくつもある」と答えた。マニュアルがいくつもあったら、瞬時に動きがとれなくなる。おそらくこの女性は、危機管理マニュアルがなにかをわかっていない。それでも「わたしは原発で働いていた」と、得意そうだった。そんな彼女も被災者になった。

味の素スタジアムの避難所で、大江さん一家は板の間の会議室を二〇人くらいでシェアしていた。衝立《ついたて》を立てて、床に布団を敷いて寝た。居心地は悪くはなかったが、団体生活は辛かった。一家はその後、千葉県に住むお姉さんの協力を得て、千葉市内のアパートに引っ越した。

以前は、八月になると、戦争をテーマにしたテレビ番組がたくさん放送されたものだった。が、最近はずいぶん減ってしまった、と大江さんは感じている。

「(戦争について)こういういきさつがあったということをやらないといけない。日本はいつもないことにしようっていう風に動いてしまう」

福島の原発事故の風化は、二〇一二年七月の大飯《おおい》原発の再稼働という形で表面化した。

大江さんは厳しい視線になった。

「人間は反省しないとおなじ間違いを犯す。大飯原発も福島程度の津波なら大丈夫っていわれても、もっと大きなのが来たらどうなのか。来ないでほしいっていうだけでしょう」

ある日、大江さんが千葉市内を自転車で走っていると、被爆者の団体名が記されたカードをもっている人がいた。千葉にもそういう団体があるのかと驚き、興味をもったので、一度見学させてもらうために、市民会館でおこなわれた総会に参加した。

出席者は約一〇人。「これで総会か？」とびっくりした。千葉市には被爆一世が二、三〇〇〇人いるらしく、当然その子どもの世代もいるはずだ。

ところが、会の人たちは、被爆者から「隠して暮らしているのだから、来ないでください。被爆者だと思われたら困る」といわれていると困惑気味だった。

「そんなことを思っている人がいるんだ」とこれまで被爆二世として差別を受けたことがない大江さんは唖然《あぜん》とした。被爆者として世間の目を気にしなくてはいけない人たちがいる。そのことを大江さんは、福島の将来と結びつけて心配している。

「いまだに（被爆者に関して）誤解している人がたくさんいる。福島の人たちにもおなじことが起こるのではないだろうか」

変わらない国

「六五年前と国の仕組みは変わっていない。大本営の発表とおなじだ。嘘《うそ》でも一〇〇回つけば本当になってしまう」

大江さんと再会した、すこし前に知人の弁護士事務所でお会いした、飯舘《いいたて》村の酪農家、長谷川健一さん（五九歳）の言葉を思い出した。それは、福島第一原発が水素爆発を起こしたあと、飯舘村の住民に情報を伝えなかった国家の無責任さをいいあらわしている。

いま、長谷川さんは伊達《だて》市の仮設住宅で妻と両親と一緒に暮らしている。この仮設の八五世帯のすべてが飯舘村から避難してきた人たちだ。

長谷川さんの友人の酪農家は、放射能汚染によって幸せな日常を奪われ、苦しみのなかで「原発さえなければ」と牛舎の黒板に書き残して自殺した。「彼のところは大変だったけれども、原発の事故さえなければ十分やっていけた」と長谷川さんは声を詰まらせた。放射能汚染ばかりか、迅速な対応ができなかった行政によって、災害を乗り越えた命までもが、奪われてしまったのだ。

長谷川さんも、家族同然に世話してきた牛を処分せざるを得ない状況に追いこまれた。そのことが、朝の情報番組で報じられた直後、自宅には動物愛護団体を名乗る人たちから、嫌がらせの電話が何度も鳴り響いた。

「あなたたちはなにを考えているんですか」という類いの電話で、ほとんどが一方的な意見をいって、すぐに切れた。

「本当に俺らのことをわかって電話してくんのか。俺らだって好き好んでそんな判断をしてるんじゃない」と長谷川さんは悲しそうな声になった。

震災前、牛とともに自然を相手に暮らしていた長谷川さんは、人間が予期できないこと、思い通りにいかないことばかりだった。だから、政治家や企業のいう、「想定外」という言葉には、強い違和感を覚えている。

「『想定』っていうのは人間がつくるものでしょ。だから高くも低くもできるわけでしょ。ましてや原発の場合の想定なんていうのは高くしたらその分、おカネがかかる」

安全面を最優先したのではなく、あくまで利益を守るために設置した「想定」だったのだ。そして、原発の再稼働について、こう語った。

「原発が爆発したころから、電気が足りなくなるってわかっていた。にもかかわらず、政府は電気の代替案をつくらず、これまでなんの対応もしてこない。もうあの時点（三・一一）から再稼働ありきなんだよ」

長谷川さんは、自分たちの周りで起きたことを、自分の言葉で発信していきたいという。そうしなければ、大きな流れに巻かれて、風化してしまうという危機感があるからだ。そこには、時代が逆戻りしていくような、いまの社会への批判がこめられている。その想いは、みずからの体験を記した三冊の著書の出版と記録映画制作の原動力になった。

「恐ろしい国だよ、ここは」

長谷川さんは声のトーンを変えずに、そうつぶやいた。「あの時点」からなにも変わらない国に、わたしたちは住んでいるのだ。

二〇一四年一一月、長谷川さんは飯舘村村民の代表として、東電に損害賠償の増額を請求するため、原子力損害賠償センターに申し立てをおこなった。夕方のテレビニュースに映った長谷川さんは、たくさんの人の想いを背負っているようで、力強かった。

消された民

「日本という国はなんでもなかったことにする」と大江さんは批判していたが、アメリカ先住民も、国家によってごく最近まで「なかったことに」された経験を乗り越えてきた。

二〇〇七年から、わたしはカリフォルニア州北部にあるピノルビル・ポモ族の居留地を経済開発の調査で定期的に訪れている。東日本大震災のあとも何度か訪問したが、そのたびに、福島の原発事故の被災者について話し合った。ピノルビル・ポモ族もまた、現在のアメリカ社会で、必死に生き残ろうとしている部族のひとつだ。

東北地方の家々が津波にのみこまれていく様子をテレビで見ているとき、部族長のレオナ・ウィリアムスさん（六三歳）に過去の辛い思い出がよみがえった。

「崩壊に追いこまれていった部族の歴史と、破壊されていく東北の港町の光景、原発事故で土地を奪われる被災者のことが重なり、頭から離れなかった」

彼女の脳裏をかすめたのは、一九六六年に部族を襲った「終結政策」だった。この政策の目的は、先住民への就業支援や土地の分与（居留地の分割）、インフラの整備を約束し、自立を促す代わりに、部族を組織的に取り壊し、先住民がもつ諸権利を剝奪することだった。

連邦政府が「終結政策」を部族に提示したのは、一九六〇年代のはじめだった。そのころ部族は、経済開発の機会に恵まれず、貧困にあえいでいた。

都市部では、黒人による公民権運動の影響で、先住民もみずからの権利を主張するようになっていた。その一方で、居留地に隣接するユカイヤの町では、依然として差別が厳しく、ほとんどのレストランには「犬とインディアンお断り」という貼り紙があった。

アメリカ南部では、黒人と白人の生活空間を完全に分離していた「ジム・クロウ法」の時代（一八七〇年代から一九六四年）があった。カリフォルニア州に位置するユカイヤでも映画館や病院、レストランも先住民用と白人用に、はっきりと分けられていた。差別と偏見から逃れるために、先住民であることをひた隠し、ラティーノ（ヒスパニック）として振る舞う部族員もすくなくなかった。

そんな状況がつづくなかで、部族内には連邦政府が発表した終結政策を支持する人たちが増えていった。連邦政府の目論《もくろ》みは、終結政策を施行して居留地を地図上から消し、先住民の「存在自体」をなくし、アメリカ文化の枠内に同化させようとするものだった。これは先住民の消滅を意図した、文化的なジェノサイドにも通じるものだ。

終結政策によって、一〇九もの部族が解体され、当時の先住民社会を危機的な状況に陥れた。居留地は分割されて、個人の不動産扱いになった。しかし、あらたに分けあたえられた土地は農業には不向きで、税金だけが個人負担になったため、二束三文で手放す人が続出した。その結果、一三〇万エーカーもの土地が先住民の手から奪われた。

さらに、一万二五〇〇人が、連邦政府から承認された「先住民」として生きる権利を失った。もっとも、先住民であることを「辞めても」白人になれるわけではない。人種差別はそのまま残り、生活を圧迫した。また、連邦政府が約束した、先住民へのインフラの整備や就労、教育への支援の大部分は空手形で、暮らしが向上することはなかった。

ロックンロール

土地と権利が奪われたあと、「部族」に入ってきたのは、アメリカのポピュラー文化だった。ピノルビル・ポモ族の政府で働くエリカ・カーソンさん（三一歳）は、同化政策に翻弄された部族が、本来の伝統文化にたいする誇りを回復し、民族としての存続を図ろうとした苦闘の日々を回想しながら、こう語った。

「セックス、ドラッグ、ロックンロールは、先住民の生き方や伝統とそぐわなかっただけでなく、部族が退廃の道を歩むきっかけになってしまいました」

ポピュラー文化を受け入れるのは簡単なことだったが、たいがいの先住民はそのなかに自分たちの居場所を見つけることができなかった。急速なアメリカ化は、一〇代の妊娠、ドラッグやアルコール依存症、伝統文化の破壊など、さまざまな弊害を部族にもたらした。

一九八三年、ピノルビル・ポモ族は、一六のグループとともに部族の再認定を勝ち取り、ふたたび先住民の部族としての復権をなしえた。しかし、居留地の大半は、すでに周辺に住む白人に売り払われていた。部族の共同体が失われたなかで、文化を再建していくことは容易ではなかった。部族はすこしずつ土地を買い足し、自分たちのアイデンティティと伝統を学び、本来の暮らしを取りもどしていった。

カーソンさんも、原発事故の被害に遭った人たち、土地から追いだされた被災者の経験が、部族の歴史と重なって見えるといって、こうつけ加えていった。

「再生していく過程で、アメリカのポピュラー文化のような、安易なものに染まるのではなく、自分たちの伝統を軸に再建していってほしいのです」

アメリカには先住民を殺して、その身体の一部を軍隊や警察にもっていけば報奨金があたえられる、「バウンティ」と呼ばれる制度が一九世紀後半（一説では二〇世紀初頭）まで残っていた。先住民の虐殺と、土地の収奪を前提に成立した国家においては、こうした残虐な行為の奨励が、当たり前のようにおこなわれていた。悲しい歴史を経て、現在もピノルビル・ポモ族の日常は、祈りからはじまる。先祖が生きた大地で祈りを捧げることによって、自分たちが誰であるのか、というアイデンティティや土地とのつながりを確認する。

ウィリアムスさんはこういう。

「土地と人びとが祈りによって癒されなければ、国家や民族の誇りを再建することは不可能です。歴史的なトラウマが存在するとき、前向きに生きていくことは容易ではありません。ただ、自分たちに起こったことをしっかりと学び、記憶しながら、みんながひとつになって立ちあがっていくことが必要なのです」

一度は解体され、地図から消された部族が、ふたたび連邦政府から承認を受けてから三〇年。彼らは生き残るために、失いかけた文化を学ぼうとする姿勢を崩さない。

癒されるまでの日々

ピノルビル・ポモ族の生活圏はひろく、沿岸部もふくまれている。彼らの伝統料理に海産物は欠かせない。ワカメを一瞬だけ油にひたし、一気に揚げる「フライド・シーウィード」は、ぱりぱりとした食感が特徴だ。アワビを薄く切り、衣をつけて油で揚げる豪華な料理もある。

もともと食用油は白人との接触によって部族に入ってきたものであるから、「伝統料理」とはいっても、ヨーロッパ系の料理の影響があることは否めない。食文化もまた常に変化を遂げてきた。

なお、大きなアワビの貝殻は伝統儀式の際に、お清めをするために燃やす草（セージ）を置く灰皿として珍重されるだけでなく、装飾品としても重宝されている。いずれにせよ海産物は、伝統文化において重要な位置を占めている。

ところが福島の事故以降、ピノルビル・ポモ族のレノラ・スティールさんは、気軽に海産物を獲れなくなったと嘆く。彼女は子どもをもつ母親としてこう話した。

「汚染を吸収するワカメやアワビが怖くなりました。フクシマは遠くても、わたしたちは、海はつながっているひとつのものと考えているので安心できません」

ピノルビル・ポモ族部族政府職員で、居留地から車で一時間半ほどの沿岸部でアワビを獲る、ダコタ族出身のネイサン・リッチさんも海洋汚染には、敏感になっている。そんな彼が、ニュースで震災の悲惨さに触れ、心配していたのが、被災者のケア（癒し）だった。

「癒される時間が十分になければ、本当の意味での自立はできません。周りの都合で、その時間を短縮されれば、将来的に間違った方向に事が進みます」

彼は悲しみのただなかにいる人たちに、「頑張れ！」と自立を促すのは、時期尚早であると考えている。

「わたしたちは巨大な津波のように襲ってきた白人たちによって、先祖を大量に虐殺されました。そのあとも差別されてきました。だから、白人のいうことに耳を傾けながら、自分たちが穏やかな気持ちで暮らせるようになるまでには長い年月が必要でした」

アメリカ政府が先住民の存在自体を認めるようになったのは、ごく最近のことだとリッチさんは指摘する。両親の世代とくらべて、よくなってきていると実感できる部分はあるものの、まだまだ悪しき慣習は変わっていない。

地元の中学校に通うリッチさんの次男は、先住民であることが原因で執拗ないじめに遭っている。学校の教員は、人種差別ではなく、本人の性格に問題があると取り合ってくれない。次男はいじめられた経験を自分のなかにしまいこみ、それでも前向きに生きていこうと懸命にもがいている。

父親としては「自分に起こったことを忘れるのではなく、辛い経験でも乗り越え、先住民として生きてほしい」と願う。苦しみを記憶から消し去るのは大事だが、同時に先住民であることを忘れてほしくない。そのためにも、まずは苦しみから癒されることが必要だ。

リッチさんがつねに重視しているのは、祈りと儀式である。あらたな場所に引っ越したときにしなくてはならないのは、それまで住んでいた土地に根ざした先祖のスピリッツを吹きこむことだという。ただの家屋として家を利用するのではなく、伝統をつぎの世代に継承するための空間をつくることが、最も大切なのだ。

彼の視点からみると、現在、仮設住宅や避難先で生活する被災者は、先祖のスピリッツのない場所で暮らすという苦難に直面していることになる。

浪江の先住民

二〇一三年一〇月一一日、相馬双葉漁業協同組合がしらす漁を試験的に開始した。「福島民報」によれば、四五隻が出漁し、約三・七トンの水揚げがあった。山形一朗さんが漁に出られる日は近いのかもしれない、とわたしはふと思った。

その翌日、東雲に山形一朗さん、千春さん夫妻を訪ねた。お会いするのは一年二ヶ月ぶり。東雲の公務員宿舎にお邪魔するのは二度目になる。

しらす漁について一朗さんはこう話した。しらすをはじめとする回遊魚を獲る漁師は、場所を変えれば、まだ漁を再開する道が残されている。一朗さんは俗に「根もの」といわれる、磯岩《いそいわ》や岩礁につくアイナメなどの魚や、「底もの」と呼ばれる海底に棲息する魚を獲ってきた。

「根ものの底ものは漁場が深く関係してくる」

固定式サシアミ漁は、一ヶ所に固定しておこなう規定になっており、山形さんの場合、請戸の海域からは離れられない。海に出たいのはやまやまだけれども、現実的には難しい。

そんな厳しい現状があるなかで、安倍《あべ》晋三首相による原発事故の収束宣言に、山形さんは怒りをあらわにした。

「アンダー・コントロール？　なにをもってそういうのか。オリンピック誘致のためじゃないのか。収束もなんにもなっていない。汚染水はタンクのなかにある。収束どころか、まだはじまったばかりだ」

前回お邪魔したときに、お目にかかった山形さんの母のリイ子さん（八四歳）が、ちょうど外出先からもどってきた。リイ子さんは生まれも育ちも浪江町。漁師だった定男さんと結婚し、おなじ浪江町の請戸に移り住んでから六二年経った。

「これから郡山や福島市内に行ったとしても、帰ったってことにはならない。浪江にもどらなくては、帰ったとはいえない」と不安そうだ。同世代の浪江町出身の友だちから電話がかかってきても、これからどこに住むことになるか、ということばかり話題にあがる。

「一軒や二軒が帰ったところで、暮らせるものじゃない」

山形さんと同居していた父親の定男さん（八一歳）は、かつてずば抜けた体力を誇り、誰よりも勇敢だった。ことさら屈強な海の男たちからも、「鉄人」と呼ばれ、畏敬《いけい》されてきた。

しかし、東京での、しかもこれまでまったく経験したことのない高層階の暮らしに馴染めず体調を崩し、福島の病院に入院する羽目になった。

わたしがアメリカ先住民の研究をしている、と話すと一朗さんは、すこし前にテレビで見たある部族のことを取りあげた番組に触れながら、こんな話をしてくれた。

「アメリカもそういった先住民を保護する意味で、生活給付金とかを出しているのだよね。（先住民は）収入がないから、飾りものとか売って、それを収入にする。結局、国からの生活の援助は補償とおなじで、俺たちも請戸を追われて、東電から生活援助金を月一〇万円もらっている」

故郷を追われる人びとの痛みは、国境を越えて共通しているように感じた。一朗さんは、代々先祖から受け継いできた漁法を守り、海を活計《たつき》の現場にしてきた漁師だ。地域との結びつきは、先住民とおなじように強い。

「土地イコール人間とおなじようなもの。一体化している。馴染みってものがある。前からやっていた生活をしたい。土地は文化だから。生活の文化。それが当たり前のように生活していた。土地とともに文化も奪われた。現代科学の文明に俺たちは追いやられた」

それをきいていた、リイ子さんが引き取るようにしていった。

「放射能に追われたからな。四キロ先にあったんだ（原発が）。（先住民と）おなじだな」

一朗さんの顔は、屈強な先住民のリーダーの顔に、リイ子さんの顔は部族の伝統を知り尽くし、誰からも尊敬されている年配の女性の顔に重なった。一朗さんはこういった。

「俺たちは請戸の先住民みたいなもんなんだ」

第三章　境界線の防人《さきもり》

マイク・ウィルソンさん

関谷裕幸さん、赤羽伊三郎さ

志津川地区から見たホテル観洋

矢野正則さ

阿部憲子さん

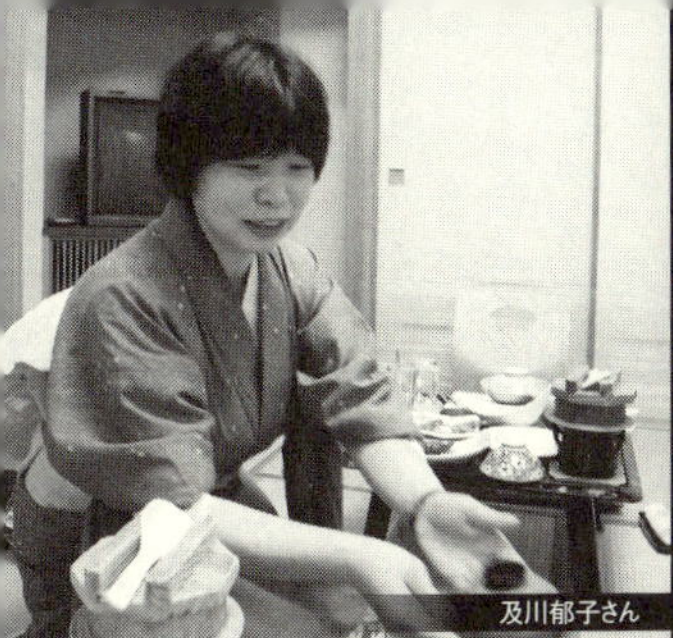
及川郁子さん

アリゾナ州南部の砂漠地帯

鈴木カツミさん、惣一さん

鈴木一美さん

マイケル・ソーシさん

五〇マイルの町

二〇一一年三月一六日、米国原子力規制委員会は、在日アメリカ人にたいして、福島第一原子力発電所から五〇マイル（八〇キロ）よりも遠くに避難するように勧告した。被災地の境界線ともいえる八〇キロ地点に暮らす人びとは、いったいどのような問題を抱えているのか、テレビや新聞の報道からはなかなか見えてこなかった。

とくにわたしの関心をひいたのが、福島県白河市だった。一六八九年に白河の関にやってきた松尾芭蕉《ばしょう》は、「心許なき日かず重《かさな》るまゝに、白川の関にかゝりて、旅心定りぬ」と記している。東北地方の玄関口で、芭蕉は旅をつづけることを決意したのだ。

東日本大震災と福島第一原子力発電所の事故を、この町は東北と関東の境界線で経験し、さまざまな余波にむき合っている。震災から一年ほど経った二〇一二年五月、白河市白坂地区（一九五四年に白河市に合併された旧白坂村）の農家を訪ねた。

白河市農業委員で、白坂地区で農業を営む矢野正則さん（六一歳）は「アメリカさんがいう五〇マイル地点なのに」と納得いかないような声を出した。白河市は二〇一一年一二月に、原子力損害賠償紛争審議会が定めた、大人ひとりにつき八万円支払われる賠償金の対象（二三市町村）からは外れているからだ。おなじ中通りでも岩瀬郡、須賀川市は補償の対象に入っているが、西白河郡、東白川郡は対象外だという。

白坂地区の農業は、深刻なダメージを負っている。しかし、苦しい状況に置かれた農家は、不可視化されたままだ。被害の一番の例はコメだ。当時、白坂地区で採れるコメは出荷されても、市場には流通していなかった。二〇一一年の秋に一軒の農家が収穫した産米から一キログラム当たり、一〇〇ベクレルを超える放射性セシウムが検出された。それで白坂地区に一〇〇軒以上ある農家のコメは、放射線量が低く、問題がないものもすべて流通しなくなった、と矢野さんは嘆いた。

二〇一二年三月三〇日付けの「福島民報」はこう報じている。

「農林水産省は、二九日、平成二三年の県産米で一キロ当たり一〇〇ベクレル超五〇〇ベクレル以下の放射線セシウムが検出された一三市町村の六二旧市町村について、地域単位で民間団体がコメを買い上げることを正式に発表した」

この旧市町村のなかに白坂地区が入っている。「コメは流通しないよう産地の倉庫などに保管した後、焼却処分される」と「福島民報」はつづけている。

農協の倉庫には、矢野さんをはじめ、この日お会いした農家の人たちが丹精こめてつくったコメが積みあげられている。だから、今年田植えをしたものは売れなくなるのか、という不安がひろがっていた。

汚染の原因は断定できないといいながらも、矢野さんは丁寧に説明してくれた。コンバインで立っている稲を刈りとると、その場でモミと殻に分けて収穫される。しかし、バインダーもしくは手で刈って、自然干しをすると、汚染された土壌から稲穂に放射性物質が移る可能性がある。

また、稲を刈りとって置いておくと、茎や葉っぱの養分が実の方に移動する。おなじように放射性物質も、すべて実に移ってしまうことも考えられる。そのため、コンバインを使わない小規模の農家の作物は、放射線量が高くなる可能性があると矢野さんはいう。刈り方や干し方、風向きや地理的な条件が重なれば、基準値を超えた放射線量が出やすくなることもあるそうだ。

その一方で、風評被害も深刻だ。

「対外的に福島第一原発とか第二原発というと、福島県全土が風評被害を受けることになります。新潟県の場合、原発の名称は刈羽《かりわ》とか柏崎《かしわざき》とか、市町村の名前ですが、事故が起きた原発には福島とついていますから」

これによっていわゆる「風評被害」が福島全土を覆う、と矢野さんは残念そうだ。

原発事故の前までは、こだわりをもって自然農法をとりいれていた農家が、周辺の市町村には数多くあった。しかし事故以降、作物が放射性セシウムを吸収するのを抑制するために、土壌に塩化カリを撒いた方がいいということになった。これを受けて、自然農法をあきらめざるを得なくなった農家があとを絶たない。一部の消費者から人気のあった高級米ブランドも、苦戦を強いられている。

販路開拓

コメと野菜をつくる専業農家の関谷裕幸さん（四〇歳）も、原発事故によって大きな打撃を受けた。なんとか生き残りを図ろうと、関谷さんはインターネットを通じて、あらたなネットワークをつくって顧客を開拓し、安全な農産物を届けるべく奮闘している。

事故のあとは量販店に卸しても、地元の人でも地元の野菜を買わないのが現状だという。売り上げは三分の一になった。

「いままでどおりにやっていくしかない。それで周りがどれだけついてきてくれるか。自然は自然に治る。人の意識をどうしていくか。知識をもって理解している人にちょっとずつ野菜を販売している」

　白河市内でも、祖父母の世代がつくった農作物を、その子どもや孫が食べようとしない現実があるという。親の立場からすると、子どもにリスクを負わせたくないという心情は当然だ。が、検査済みで安全性が証明されていても売れないのは、農家にとっては辛い。おじいちゃんやおばあちゃんがつくった野菜を、孫に食べさせるのか、食べさせないのか。個々の選択はさまざまだが、事故後、世代間の関係がぎくしゃくしているのは明らかだという。食べ物を通じて育まれてきた関係が、揺らいできている。

　住民のなかには白河市をあとにして、京都、北海道、沖縄に避難する人もいる。地元に残る選択をする人と、避難を決める人とのあいだにも、微妙な距離感が生まれた。共同体の分裂は、さまざまな側面において深刻な影を落としている。

　関谷さんは、たがいに隣接する白河市と栃木県那須町、いい換えると東北と関東の両方に農地をもっている。まさに境界線の農家だ。「息を止めても関東に行ける」と冗談まじりにいうほど、畑は隣り合っている。二〇一一年に白河市の畑でつくった野菜には、出荷制限が出たものが何品かあったが、栃木県側で採れたほうれん草は普通に売られていた。

　事故の前までは、白河市と那須町とではコメの値段がちがった。ブランド的に、福島県の方が高かったのだ。しかし、いまでは栃木米は店頭に並ぶが、福島米は流通しない。関谷さんは「以前は、おなじ川の水を引いても、隣の栃木県の田んぼのコメは安かったんです。産地表示が義務づけられたから、いまはこんなことになるのでしょう。川を掘って（県の境界線を）ちょっとずつずらしてやろうかと思ったこともあります」と笑った。農家からすれば、不条理な線である。

原発事故の影響によって、観光と農業を主な収入源とする隣の那須町の農民も、困っていることに変わりはない、と関谷さんはいう。そこには土地とともに生きる人たちがもつ、同業者へのやさしさ、土地でつながる絆のようなものを感じた。矢野さんは、

「一番問題なのは、国内の野菜とか穀物に関して食糧不安をあおって、ＴＰＰ（環太平洋パートナーシップ協定）を推進させようってことだ」

と力のこもった声でいう。この国がこれからどう進んでいくのか、国は農業を守ってくれるのか、現場の人たちは強い危機感をもっている。

おなじくこの地域で農業を営む、赤羽伊三郎さん（六九歳）はこういいきった。

「俺らからいわせれば、楢葉町とか双葉町とかはいいんだよ。原発の恩恵でカネがはいった。会津で電源開発が水力発電所つくったときにも、山のなかに道路とかつくった。とこ

ろが、中通りだけ、なんにもなかったのは。損ばっかしてるんだ」

赤羽さんの言葉が、中通りの農家の悲痛をあらわしているのかもしれない。

そう断言したあとに、赤羽さんはあんまり実感が湧《わ》かなかったと前置きしながらも、福島県が原発を誘致したことで、東電から県にカネが落ちて、県全体も潤ったとつけ足した。「砂糖水とまではいかなくても、トマトのすっぱい汁を飲むことができた感じだ」と冗談まじりにいった。その「すっぱい汁」の代償はあまりにも大きい。

白河市は、地震の被害も受けた。赤羽さんの家も震度六強の揺れによって、土蔵が倒れ、家は半壊。さらに周辺では田んぼの水路の一部が破壊され、農業にも影響が出た。

なんとか生活を建て直して、軌道に乗せたいと意気込んでいた矢先に、今度は放射能が襲ってきたのだ。

不法投棄

おなじく白河市白坂地区で農業をしている、鈴木惣一《そういち》さん（七四歳）、妻カツミさん（七一歳）、長男で会社員の一美《かずよし》さん（四九歳）にも話をきいた。

地域で専業農家は三軒くらい。あとは兼業だ。農業だけで食べていくのは震災前から厳しかった。もともと白河市にはたくさんの農家があったが、新興住宅地ができて、工業が盛んになり、農家を継がなくてもやっていける地方小都市になった。

農家の高齢化は著しい。若い人が出ていったあとに高齢の人たちが機械を使って農業をやるケースが多く、「身体が壊れるか、機械が壊れるか、どちらが早いかだ」とカツミさんの言葉に実感がこもる。惣一さんは農家をつづけてもなかなか採算がとれないと嘆く。

「一俵売って一万の時代。一〇〇俵売っても一〇〇万。一年で一〇〇万じゃ生活できない」

実際には、一俵（六〇キロ）のコメは農協に出すと一万二五〇〇円になる。この値段設定で、コメをペットボトルに入れたら、ジュースよりも安い、と一美さんはいう。大型化しないと生き残れないから、ちいさな農家はどんどん廃業に追いこまれてしまう。原発事故を機に、農業を辞める人はさらに増えるだろう。

震災直後は瓦礫を片付けなくては、寝るところもないような状態だった。原発が水素爆発している最中に、壁が倒れないように補強作業をしないといけなかった。危険だから外に出るなといわれても、自分の手でどうにかする必要があった。

除染に関しても、国からは三〇センチ掘り起こしてひっくり返せば、放射線量は下がるといわれたが、そんなに地面を削ってしまうと、ぬかるんで作業ができなくなってしまう。

さらに、ゴム手袋にマスクをして土を裏返しても、汚染土壌を廃棄する場所は決まっていない。国がいっていることは、机上の空論でしかない。

ある日、耕作していない鈴木さんの土地に、二一個ものビニール袋が投げこまれていた。中身は汚染土壌のようだった。通報したところ、すぐに警官がやってきた。袋の山を見せると、警官は白河市役所にもっていってもらうように提案した。さっそく白河市役所の生活環境課に連絡すると、自分の土地にあったものであれば、自分のところに埋めて処分してくれといわれた。

町内会で地区ごとに汚染土壌の仮置き場をつくろうということになった。学校の跡地に埋めるという案も出たが、反対が多くて実現しなかった。

「地元は地元で考えるしかない。ここのものをほかにもっていったら、非難を浴びますよ。もってこられた人だって嫌ですよ」

と一美さんは、穏やかに語る。一美さんは、主に西白河郡および東白川郡で測量、設計業などの査定用の図面をつくる民間会社に勤めている。災害復興に関わる仕事で、震災のあとも測量のために外を歩きつづけてきた。

二〇一二年の四月一日から一美さんの会社では、これから先の五年間は外で働くときは空間線量を測り、一定の地域では作業員の被曝量を管理することになった。しかし、これを決めたときは、すでに震災から一年以上が経過していた。それまで作業の安全は図られていなかった。

原発事故の境界地ともいえる白河市は、賠償の対象からは外されたが、農家は野菜やコメを思うように売ることができなくなった。その苦しみは、しっかりと伝わっていない。貴重なお話をきかせていただきながら、わたしは「白河以北一山百文」という言葉を思い出していた。明治維新の時代、薩長によって生みだされたとされている言葉だ。白河の関所よりも北は、山ひとつが百文にしかならないという侮蔑《ぶべつ》が込められている。こうした差別の連鎖のなかに、原発事故を見ていく必要があるのかもしれない。

いま、被災地である東北地方の経験をどう受け止めるべきなのか。日本史における東北の位置づけを見直したうえでエネルギー政策と原子力発電、農業とTPP、東北の問題をひとりひとりの身近な問題として捉えられるかどうか、課題は山積している。

国境に生きる

福島原発の水素爆発は、米国原子力規制委員会が示した、原発から「五〇マイル」のところに目に見えない境界線を引いた。この場所で踏ん張る人たちの話をきいたあと、国境で抗《あらが》うあるアメリカ先住民のことを思い出した。

二〇〇六年、アメリカで『Crossing Arizona（アリゾナの国境を渡って）』（ジョセフ・マシュー、ダン・デビーボ共同監督、二〇〇六年）と題されたドキュメンタリー映画が公開された。メキシコからアメリカに非合法な手段で入国した移民のために、一ガロン（三・八リットル）の水をつめたプラスチック容器を、アリゾナ州南部の国境地帯にひろがる砂漠に置いてまわる、マイク・ウィルソンさん（六四歳）の活動が記録されている。移民が砂漠で命を落とさないように、と炎天下で奮闘する姿は、多民族社会の「国境の番人」のようだった。

ウィルソンさんとはじめてお会いしたのは、二〇一〇年にアリゾナ州南部の都市、ツーソンで開かれた先住民研究の学会だった。ポニーテールに束ねた黒い長髪、眼鏡の奥には鋭い眼光が宿っていた。スポーツをやっていたのか、肩幅ががっしりしているというのが、そのときの印象だった。

彼はアリゾナ州の南部に居留地があるトホノ・オーダム族出身の活動家として、学会に招待されていた。前出のドキュメンタリー映画の上映もおこなわれた。三年後の二〇一三年九月、わたしはウィルソンさんに話をうかがうために、ツーソンをふたたび訪れた。

アリゾナ州南部にひろがる砂漠

アムネスティ・インターナショナルの二〇一二年の報告によれば、移民の国と呼ばれるアメリカの総人口約三億人のうち、およそ四二〇〇万人が国外で生まれている。そのうちの一一二〇万人は非合法なかたちで入国した人たちだ。その六〇パーセントがメキシコ人で、その他二三パーセントを中南米出身者が占めている。

アメリカの南端を、超大国の底辺を這うように、三〇〇〇キロ以上の国境が東西に走っている。メキシコとの国境を擁しているのは南西部に位置する、カリフォルニア、アリゾナ、ニューメキシコ、テキサスの四州だ。

アリゾナ州はおよそ六〇〇キロにわたって国境と接し、そのうちの約一二〇キロは、全米三番目の広大な面積を誇るトホノ・オーダム族の居留地だ。面積は約一万一五〇〇平方キロメートル。コネチカット州とほぼおなじひろさの居留地に、一万人以上が暮らしている。

国境警備隊の推計では、毎日六六五〇人がメキシコからアリゾナ州に越境を試み、約四〇〇〇人が成功する（「ワシントン・ポスト」二〇〇六年六月二五日）。極度に乾燥している灼《しゃく》熱《ねつ》の砂漠を、徒歩で縦断するのは生死をかけた危険な冒険だ。

近年、密入国者が国境にひろがる砂漠地帯で、熱中症や脱水症状によって死亡する事件があいついでいる。アムネスティ・インターナショナル（二〇一二年）によれば、一九九八年から二〇〇八年までの一〇年で三五五七人が国境を越えるときに砂漠で命を落とした。その過酷さは想像を絶する。

二〇〇九年の一年に限ってみれば、四一七人が帰らぬ人となった（「USA TODAY」二〇一〇年五月六日）。もっとも死体が見つからなければ、その数に入らないので、実際に何人が死亡したのかはわからない。砂嵐が吹けば、死体は砂漠に埋まってしまうからだ。

砂漠地帯が広域を占めるトホノ・オーダム族の居留地内でも、メキシコや中南米からきた多くの移民たちが不慮の死を遂げている。NBCニュースによると、二〇一〇年七月の一ヶ月間に、四四人の遺体が居留地で発見された（「NBCニュース」二〇一〇年八月三一日）。

国境を渡る人のなかには、一〇歳に満たない子どもや女性もふくまれている。密入国を斡旋する業者やギャングに拉致《らち》されたり、レイプの被害に遭う例はすくなくない。

それほどの危険をおかしながらも生まれ育った祖国を捨て、大国に夢を馳せる人があとを絶たないのは、グローバル経済を背景に拡大する南北格差の問題があるからだ。

アメリカが潤えば潤うほど、国境の南に位置するメキシコやそれ以南の国々は、どんどん貧しくなっていく。追いつめられた人びとには、生き延びるために国境を越える道しか残されていない。

ウィルソンさんは、居留地でたくさんの移民が死んでいく現状を、早急に変えたいと焦っている。彼は、二〇一一年に砂漠で命を落としたホセという名のホンジュラス人の男性の話をしてくれた。オクラホマ州で家族とともに暮らしていたホセは、交通事故に遭って、非合法移民であることが発覚、ホンジュラスに強制送還されてしまう。

その後、アメリカで待つ妻とふたりの子ども（ともにアメリカ国籍を所有）と暮らすために、ホセはホンジュラスを出国し、グアテマラとメキシコを縦断。彼が陸路で移動した距離は四〇〇〇キロにものぼる。疲れ果てながらも家族との再会を夢見て北上し、二〇人の仲間とともになんとかアメリカ入国を果たしたものの、砂漠の暑さに打ちのめされた。仲間もつぎつぎに倒れていった。

それでも歩きつづけたホセだったが、トホノ・オーダム族の居留地で脱水症状になり、家畜用の池にたまっていた泥水を飲んでしまった。そのあとすぐに、腹を下して、あっという間に衰弱し、酷暑のなかで息絶えた。ホセの遺骸は、仲間の手で砂漠に埋葬された。

しばらくして、アメリカ国内に落ち着いた仲間から事情をきいた妻は、コヨーテ（非合法入国を請け負う業者）から地図をもらい、ホンジュラス大使館に連絡した。なす術をもたない大使館は、ウィルソンさんの噂をききつけて、彼に直接電話をかけてきた。受け取った地図をもとにして、ウィルソンさんはホセの遺体を発見した。

「水さえあれば助かったのに」と、彼はくやしそうだった。

遺体のそばには、ウィルソンさんによる自前の給水所があったのだが、彼が砂漠に置いた水の入ったプラスチック容器は、トホノ・オーダム族の警察によって撤去されていた。居留地の行政を統括するトホノ・オーダム部族政府は、一〇年以上にわたって傍観し、さらには彼の人道支援活動を妨害してきた。

カリフォルニア南部の国境地帯では、人権団体などが中心になって、砂漠に水を設置する運動をひろめてきた。ウィルソンさんもこうした活動を二〇〇二年からつづけている。

みずからの故郷である居留地で、水がないという理由だけで死んでいく人がいることが耐えられない。彼が最も重要視するのは「人権」だ。人には誰にでも生きる権利があるという、単純明快な、強い信念である。

砂漠のギャング

もともとトホノ・オーダム族の人びとは、現在のアリゾナ南東部とメキシコ北東部の広大な地域を生活圏としていた。彼らの故郷に突如として「国境」が引かれたのは、一八五三年にアリゾナ州とニューメキシコ州の南部がメキシコからアメリカに割譲された「ガズデン購入」のときだ。

そのあとも部族員は、トホノ・オーダム部族政府が発行する証明書を携帯していれば、自分の家族や聖地を訪れるために、国境を自由に行き来することができた。部族員の国籍はメキシコとアメリカに分かれたが、部族の連帯感はどうにか保たれた。

しかし、一九八〇年代以降、とくに「9・11」の同時多発テロ事件のあとから、メキシコ側に住む部族員がアメリカ側（居留地）に入る際には、国境警備隊によって身分証や持ち物検査などが厳しくとりおこなわれるようになった。

国境地帯にはひろい範囲で、侵入防止のための高いフェンスや壁が建てられている。しかし、居留地では現在も、メキシコに数千人の部族員がいることから、ほとんどの場所でフェンスや壁の類いを建設しておらず、越境者には格好の抜け道になってきた。

後日、実際に移民が通り過ぎる大地を見るために、居留地に足を伸ばした。ツーソンから南西にむかうと、国境警備隊の文字が入った四輪駆動車の数がぐんと増え、息苦しくなるような威圧感がある。五分に一台以上の割合で、警備隊の車両と行きちがった。

居留地へとつづく一本道には検問所があり、居留地から出るときに、どの車も一旦停止を命じられる。いままで一〇〇以上の居留地を訪れたが、これほど厳重に監視されているところはほかに見たことがない。

警備の矛先は、アメリカに住む部族員にもむけられる。外見だけで、先住民か中南米系の人であるかを瞬時に見極めるのはきわめて難しい。そのため部族員も警備隊の執拗な捜索の対象になる。

部族員の車が止められたり、身分証の提示をもとめられたり、犯罪者でもないのに、車のなかをくまなく調べられることは、日常茶飯事だ。誰よりも古くからアメリカ大陸に住んでいる先住民が、密入国を疑われるとは、侮辱以外のなにものでもない。

非合法移民のなかには、ドラッグの密輸に関わっているものもすくなくない。二〇一三年六月二七日放映のABCニュースによれば、国境の警備に一八五億ドルの連邦予算がかけられているからか、非合法的にアメリカに入国する人の数は二年間で四三パーセント減少した。その一方で、二〇一二年の一年間に居留地で押収されたマリファナは約二二万七〇〇〇キログラムで、二〇一〇年の二倍になった。

ウィルソンさんは、多くの部族員が国際的なドラッグ密輸組織の末端を担っていることを無念そうに打ちあける。ドラッグ取引の報酬は、カネではなくて、ドラッグで支払われる。そのドラッグは売るか、自分で費消することになる。

アメリカとメキシコ、カナダの三国で結ばれた、北米自由貿易協定（NAFTA）が一九九四年に締結されて以来、メキシコとアメリカの自由貿易は急速に拡大した。この地域の居留地の事情に詳しいモハベ族のマイケル・ソーシさん（四八歳）は、このときから、多くの居留地では、ドラッグの密輸などの裏ビジネスが活性化したという。とくに国境地帯にある居留地は、その中継地点として利用されてきたのだ。

メキシコ国内およびメキシコの国境地帯で、ギャングが引き起こすドラッグ戦争は熾烈《しれつ》を極め、解決の糸口は見えない。二〇〇六年の死者は二二七五人だったが、二〇一一年には一万二三五九人にもふくれあがっている（「ワシントン・ポスト」二〇一二年一月二日）。

おなじように、トホノ・オーダム族居留地の治安が、移民の増加とともに悪化の一途をたどっている。強盗に押し入られたり、車を盗まれたりする部族員があとを絶たない。治安の回復をもとめる部族員のなかには、国境警備隊を歓迎する動きがある。

「夜中の二時に、誰が裏庭に潜んでいるのかわからない」というのが居留地の実状だ。だから、国境警備隊や警察の存在は、安全と安心の象徴でもある。

ウィルソンさんの給水運動は、近くに住むメキシコ系住民からは感謝され、ＮＧＯ団体などから支援を受けている。その反面、非合法移民にたいする援助そのものが、居留地の治安の悪化につながっているという批判もある。

ある小学生の娘をもつトホノ・オーダム族の母親が、ウィルソンさんにこう訴えかけたという。彼女の娘は、通学のためのバス停まで毎朝三〇分も砂漠を歩かなくてはならない。そのあいだに、移民やギャングになにをされるかわからない。下校時にも同様の懸念が頭をよぎる。居留地は気軽に散歩もできない場所になってしまったという。

彼女の訴えをきいて、ウィルソンさんの心は痛んだが、それでも人道支援の信念を貫き、水を置きつづける。

「砂漠に生きる民には、はじめて出会った人でも、水を分けあたえて面倒を見るというホスピタリティの伝統があります。まして、水がないというだけで死んでいく人を、わたしは見捨てることなどできません」

部族の負担

移民は居留地を通り過ぎるときに、トホノ・オーダム部族政府に多額の金銭的負担を強いている。移民が途中で倒れ、病院に運ばれれば、医療費は部族もちになる。警察や消防が出動するための経費や、移民の身柄を拘束しているあいだに必要な食費や生活費も、部族政府の予算から絞りとられる。潤沢な資金があるのならばまだしも、この部族が抱える貧困問題は深刻だ。

一九九六年に部族員によって設立された草の根の市民団体、トホノ・オーダム・アクションは、部族の窮状を訴えている。これによると、二〇〇五年に連邦インディアン局は、居留地の貧困率を七五・四パーセントと報告している。現在、部族員の四六・四パーセントが貧困ライン以下の暮らしに追い込まれており、これはアリゾナ州全体での割合の約三倍にのぼる。

二〇〇八年四月二八日、部族長のテッド・ノリスさんは、下院天然資源委員会の公聴会で、国境を抱える居留地の内情を訴えた。彼が提出した証言によると、この年の三月だけでも、居留地に侵入した非合法移民は一万五五〇〇人と見積もられた。年間三〇〇万ドルの費用が、国境警備にかかっている。

部族政府は、アメリカ政府から金銭的な援助を受ける代わりに、税関・国境警備隊とチームを組んで、テロリストやドラッグが国内に入ってくるのを防ごうと奔走している、とウィルソンさんは指摘する。彼によれば、居留地内には五〇〇人以上の国境警備隊が配置され、防犯カメラや監視塔が無数に置かれ、さらには無人飛行機までもが飛び交っている。ただ、大半の非合法移民は悪辣《あくらつ》な犯罪者ではない。普通の暮らしをもとめる市民だ。そもそも、彼らが故郷を捨て、アメリカに渡る背景には、絶望的な貧困がある。ひろがりつづける国家間の経済格差はアメリカがつくりだしたものだ。そうした現実にむき合うこともせずに、末端にいる移民を見殺しにしていいのか、とウィルソンさんは問いかける。

「アメリカでリベラル派とされる人たちは、国境警備隊のあり方を批判します。しかし、彼らの活動を支援する部族政府のことは一切批判しようとしません」

リベラル派は非合法移民を力ずくで排除する国境警備隊や移民局を、帝国主義的な権力の象徴として激しく非難してきた。が、これに追従し、移民を見殺しにする部族政府には、一切声をあげない。リベラル派としては、部族政府を責めるのははばかられるからだ。

移民とともに

わたしがウィルソンさんの活動に興味をもったのは、ロサンゼルスで大学院に通っていたときに（一九九〇年代後半から二〇〇〇年代前半にかけて）、たくさんの移民たちと暮らした経験があったからだ。同居していたグアテマラ人の元政治運動家の男性とわたしが、一五畳ほどの居間を誰にでも開放していたため、メキシコ人やエルサルバドル人、ホンジュラス人など、約七年間で一〇〇人以上、顔を覚えていない人や名前も告げずに出ていった人をふくめれば、三〇〇人以上が滞在した。

なかには一年以上同居した人もいたが、数日間もしくは一晩だけ滞在して、つぎの場所にむかう人がほとんどだった。深夜になんの前触れもなく、大人数が一挙に押しかけてくることもあり、慌ただしかったが、貴重な体験だった。移民たちは、さまざまな事情を背負っていたが、現状におびえながらも、あてのない希望を抱いていた。

移民にあたたかい眼差しをむけるウィルソンさんには、二一年間にも及ぶ軍隊勤務という意外な経歴がある。彼は陸軍のエリート集団からなる特殊部隊「グリーン・ベレー」の一員として、一九八八年と八九年には内戦下のエルサルバドルで、スペシャル・オペレーション（特殊任務）に就いていた。米国が支援する独裁的な右翼政権を、旧ソ連やキューバなどから支援を受け、社会主義革命を目指す左翼勢力から守るのが任務だった。

当時は、第三次世界大戦にそなえ、社会主義や全体主義から祖国の自由を守ることが自分に課せられた責務なのだと信じてやまなかった。国家への忠誠を誓い、自身を奮起させていたのだ。

しかし、ウィルソンさんは内戦で疲弊する国家で、独裁政権の存在が民主主義にどれほど悪影響をあたえるのか、極右、極左とはなにかを身をもって学んでいく。グリーン・ベレーでの経験が、後に人道主義に徹した運動をはじめる原点になった。

ちなみに、当時アメリカが敵視していた反政府勢力、ファラブンド・マルティ民族解放戦線（FMLN）は、一九九二年に内戦の終結に合意した。そのあと武装を解き、あらたな政党に生まれ変わり、二〇〇九年には議会で多数の議席を獲得したばかりでなく、同党が擁立した候補者、マウリシオ・フネスが大統領になった。アメリカが強大な軍事力を用いて後押しした体制は、盤石ではなかった。

彼は移民こそがアメリカを美しくするという。先住民にしては、珍しい意見だ。わたしは数えきれないほどの先住民が、移民に殺されてきたことをどう思うのか、尋ねた。

「いい国を築いていくには、外から人を受け入れて、共生を目指すしかないのです。失った命と土地はもどりません。先住民もアメリカ社会の一員として生活する。それが生き残るということなのです」

アリゾナ州は、二〇〇八年の大統領選挙に立候補した、マケイン上院議員の支持基盤で、彼は移民排除に躍起になっている。二〇一〇年、同州議会は非合法移民にたいする規制を厳しくし、逮捕および強制送還の簡略化を目論んだ、『アリゾナ州移民法』を制定した。

本来は「移民の国」だったアメリカが、「移民を排除する国」になってしまった。遠く離れた日本でも、外国人にたいするヘイト・スピーチが問題になっている。右傾化するふたつの国についてウィルソンさんに尋ねた。

「我々の社会はグローバルです。排他的な思想は時代に逆行しています。我々はそんな傾向をぜったいに打ち負かすことができます。奴隷として連れてこられたアフリカン・アメリカン（黒人）が一九六〇年代に立ちあがり、五〇年かけて大統領を誕生させたように、どんな難題にも時間をかけて、変わるまでやり抜くのが運動なのです」

彼にとってのヒーローは誰なのかときくと「ローザ・パークス」という答えが返ってきた。一九五五年のアラバマ州モンゴメリーで、白人にバスの座席を譲らなかったために逮捕された、黒人女性公民権運動家。キング牧師とも共闘した、彼女の運動の原理は、非暴力主義だった。

被災地に立つリーダー

「ひどく破壊された被災地でも、我々のように、声を発している人たちがいるはずです。自然はとてつもなく偉大で、ときに暴力的にもなるが、それでも人間はへこたれない。いままでも、そうやって自然と共存してきました」

二〇一二年三月に、わたしが宮城県南三陸町で撮影した写真を見せたときに、ピクリス・プエブロ族の元部族長ジェラルド・ネイラーさんが発した言葉だ。

モノクロの写真には、津波によって町の大半を流されてしまった南三陸町志津川地区の、目を覆いたくなるほどの惨状が映しだされている。すべてがなぎ倒されて、三六〇度ぐるっと見渡すことができた。遠くに、瓦礫を運ぶトラックが走り去っていくのが見てとれた。

彼は黙りこんで、じっと食い入るように、写真に目を凝らしている。自然の猛威に、なにかを感じていたようだ。鋭い目をさらに、さらに厳しくする。津波の被害者と、苦難の歴史を歩んできた先住民を重ね合わせているのだろうか。

「どんな困難な場所でも、どんな時代でも、必ず訴えつづけている民はいるはずです」と何度もつぶやいた。彼は確信に満ちた表情をしていた。

南三陸町を再訪する機会は、それから四ヶ月ほどして訪れた。インターネットや新聞で、町内の「南三陸ホテル観洋」（二四四室、一三〇〇人収容。以下、ホテル観洋）の女将《おかみ》、阿部憲子さん（五〇歳）のことを知り、お会いしたいと思った。二〇一一年七月、わたしは阿部さんのホテルを訪ねた。

東京から仙台駅まで新幹線で行き、仙台駅前からはホテルが運行する無料の送迎バスに乗りこんだ。一時間半ほどで南三陸の海岸沿いに立つ、ホテル観洋に到着した。

阿部さんは、震災直後からホテルを避難所として開放し、商店主や会社社長などの事業主と、子どもがいる家族を優先して受け入れたことでも知られている。南三陸町の雇用を守り、復興の中心となる人材の確保に、率先して取り組んだ。

最上階（一〇階）、南東に面した客室の窓の手すりには、たくさんのカモメが羽を休めたり、勢いよく海にむかって飛び立ったりしていた。そのむこうには、複雑に入りくんだ美しい海岸線が見渡せた。

眼下には志津川湾がひろがり、おだやかな海面にはホタテ、カキ、ワカメや海草類などの養殖の定置網の場所を示す浮きがぽっかりと浮かんでいる。それを器用に避けるように、ちいさな漁船が巡回と停泊を繰り返している。時間が止まってしまったかのような、幻想的な景色だ。東に目をやると、被災した志津川地区の一部が見える。津波を間一髪で交わしたホテルから、町の中心部は車でたった五分ほど。まさに別世界である。

父の教え

忙しい合間をぬって、阿部さんは時間をつくってくださった。芯《しん》が強く、やさしくて面倒見がよさそうな女性という印象を受けた。ホテルの一階ロビーに併設された、美しい海を一望できるカフェで話をきいた。

震災の直後、阿部さんはぐんぐん水位があがり、水面の色が墨色に変化していく海の様子をしっかりと見ていた。巨大な波は、そのまま勢いを増しながら進み、志津川湾のさらに奥にむかって突進していった。

ホテルの窓から獰猛《どうもう》な津波の攻撃を凝視《みつめ》ながら、ただただ祈るだけだった。町の中心部は壊滅的な被害を受け、沿岸に近いところは、瓦礫すら残らないほどに洗い流された。

ところが、ホテル観洋では、二階まで津波が到達したものの、地震の被害に限っていえば、シャンデリアひとつ、グラスひとつも割れなかった。丈夫な岩盤に支えられた高台に建てられていたからだ。阿部さんの父であり、創業者である、泰兒《たいじ》さん（七九歳）は、旅館業とは人の命を預かるものだ、という強い自覚をもって、この立地を選んだ。

泰兒さんは南三陸町の漁師の家で生まれ育ち、もともと魚の行商を生業としていた。が、一九六〇年に岩手県を襲ったチリ地震の津波によって生活は一転する。命は助かったものの、商売道具をすべて流されてしまった。

事業を一からやり直すため、翌年に阿部長商店（本社、宮城県気仙沼市）を創立した。今回の津波被害の甚大さから考えると、海岸沿いのホテルでも流されなかったのは、奇跡としかいいようがない。

二〇一一年三月一一日、ホテルには宿泊客もふくめて三五〇人が避難していた。当初は、正式な避難所として認定されていなかったため、国からの援助はなかった。

五月の上旬になって、六〇〇人の被災者を抱えるようになり、ようやく政府に二次避難所として認定され、身を寄せていた被災者ひとりにつき一日五〇〇〇円が支給されることになった。国からの援助はありがたかったが、それは通常の宿泊料金の半分以下の額にしかならなかった。水道の復旧が遅れ、水不足に悩むなかで、八月いっぱいまで六〇〇人もの人たちに三度の食事と部屋を提供するのは大変なことだった。それでも、阿部さんは、人びとが町に出ていくのを食い止めるのに必死だった。

「町の人に（南三陸町に）とどまってもらわなくてはだめなのです。人がいなくなったら、町がなくなってしまいます」

避難所としてたくさんの人を受け入れながら、館内のレストランは四月二三日に、本業のホテルも七月末には営業を再開した。挑戦的な復旧だった。さまざまな難題に直面しながらも、ひとつひとつ乗り越えて、すこしずつ軌道に乗せていった。

女将の貫禄

ホテル観洋の親会社、阿部長商店が所有する水産工場は、全部で九つある。沿岸部に位置していたため、そのうちの八つが津波の被害を受けた。倉庫で腐敗した魚の損失だけで、二二億円。それに加えて、建物や加工用の機材なども失った。阿部長商店全体が受けた損害額は、百数十億円にのぼった。

現在、ホテル観洋の従業員は、パートも入れると一七〇人。もとは二二〇人ほどいたから、震災後に五〇人が去ったことになる。震災によって親会社の経営が厳しくなっても、ひとりも解雇しなかった。地域の雇用を守りたかったからだ。

南三陸町役場のホームページによると、震災で五四九人の町民が死亡、二一四人が行方不明、震災前の世帯数の五八・六二パーセントに当たる三一四三戸が全壊した。家をなくした従業員は、岩手県や内陸部の登米《とめ》市など、南三陸町から車で四〇分ほど離れた町の仮設住宅に移り住んだ。津波の心配のない内陸部に人は流れていく。

従業員は仮設住宅から車で五分圏内に勤め先を見つけ、辞めていく。地元の小学校からは多くの生徒が転校した。それでも阿部さんは土地から離れられないという。

「地元に根ざした人は、代々の土地で、ずっとここにいるのです。簡単にここから出ることはできないんです。これまでも津波に遭ってきた。その教訓から学んで、命を守りながら、代々、家や商売をつないできたのです」

阿部さんは、海に生きる精神を堅持する、ある従業員の話をしてくれた。漁師の家に生まれ育った彼は、系列会社が所有する観光船の船長だった。津波が町を襲う直前、船長はまだちいさな子どもがいるにもかかわらず、命の危険を顧みず船を守るために沖に出るといい張った。

しかし、残される家族のことを気遣う阿部さんが必死に説得して、その船長は陸にとどまった。震災後に船を流失させたことを悔んだ船長は、阿部さんに謝罪した。

ときには豹変《ひょうへん》し、人間に牙《きば》を剝《む》くことがあっても、海を生活の場にしてきた人は、海を恨んだり、海から去ろうとはしない。それどころか、海が見える場所に留まりたいと願う。

地震が起きたとき、阿部さんの小学校四年生のひとり娘は、町内にある小学校の校内を出たところだった。家にむかわず、咄嗟の判断で学校にもどった。それがよかった。海から近い家に帰っていたら、最悪の事態になっていた。

娘と母親は離ればなれになって、四日間も連絡がつかなかった。そのあいだ、娘はずっと学校にいた。最後まで学校に残った五人のうちのひとりだった。阿部さんは、娘を信じて、ホテル、従業員、宿泊客や避難民を守るために駆け回っていた。

「人のお世話をするというのはそういうことです」

それは、女将の統率力と責任感だった。

厳しい自然のなかで営む暮らしでは、自分自身のことは自分で守らなければならない。津波のような緊急時には各自で、安全な場所に移動して、なんとか凌いでから再会すればいいというのが、「津波てんでんこ（「てんでんこ」は「てんでんばらばらに」の意）」の教えである。

震災関連の報道がすくなくなっているなかで、阿部さんはひとりでも多くの人に南三陸へ足を運んでもらって、復興の現実を見てほしい。一〇〇〇年に一度の災害から学んだ教訓をつぎの世代に残したいという。ホテル観洋では、津波の傷跡が残る志津川地区への、語り部つきのバスツアーを提供している。震災の記憶を風化させないための試みである。

取材も終わりかかったころ、わたしはアメリカ先住民のリーダーとして、やはりホテルを経営しながら、みずからがたどってきた過酷な歴史を風化させまいと力を尽くしているネイラーさんが発した、被災地で訴えつづける人がいるという「予言」を伝えた。

「もしも、そのなかのひとりとして考えていただけるのなら、光栄でございます」と阿部さんは深々と頭をさげた。そして、仕事にもどる女将の表情になった。

ホテル観洋で仲居を務めている及川郁子さん（四七歳）は、いまは気仙沼市に建設された四畳半二部屋の仮設住宅に家族四人で住んでいる。ホテルまで四〇分ほどの距離だ。

震災のときのことを、及川さんはこう話した。

「わたしたちは家族の安否をメールで知っていましたし、ホテルの従業員には知り合いも多い。でも、お客様は不安だったと思います。知らない土地に泊まりに来たら、いきなり地震が来て。大変だったと思います」

及川さんは阿部さんについて、震災のときでも女将としてどっしりと構え、従業員ひとりひとりの生活を把握しながら、冷静にリーダーシップを発揮していたと語った。大地に根ざし、なにがあっても動じない、阿部さんの力強さが伝わってきた。

社会の成熟

二〇一三年九月、ニューメキシコ州にネイラーさんを訪ねた。阿部さんの話を伝えるとすごく嬉《うれ》しそうだった。大地震以降の被災者の奮闘には、現在を生きる先住民たちが見習うべき点が多々あるのだろう。

被災者がどんなに声をあげても、日本の政府にはなかなか届かず、大飯原発を再稼働させたことも伝えると、ネイラーさんはアメリカの歴史を顧みながらこういった。

「被災者の声を受け止められるように、社会が成熟していかなければいけません。そのためには、そこで生活する人たちが、すぐれたリーダーを選ばなくてはならないのです。そうやって社会を変えていかないと、人間はおなじ過ちをまた犯します」

それでも、まず弱者の救済を優先しないリーダーを選んでしまった場合はどうするべきなのか。安倍政権の実情を説明すると、彼は予期していたかのように、すこし微笑みながら、同胞に語りかけるような表情でこういった。

「白人がこの大陸に来たことは、我々にとって大津波のようなものでした。それから五〇〇年以上も抵抗してきたのです。最近になって、やっと先住民の声をきいてもらえるようになりました。ひるまずにずっと声をあげつづけることです」

一度でも沈黙すれば、国家から完全に忘れ去られてしまう歴史をくぐり抜けてきた、先住民のリーダーが発した言葉が、重くわたしの心に響いた。

二〇一四年一二月、白河市白坂地区の農家、矢野正則さんに久しぶりに電話で話をきいた。この年に出荷したコメは、茨城県や栃木県のものより一〇〇〇円以上安く取引されていたという。矢野さんは震災から三年経っても収まらない風評被害について、こう訴えた。

「震災前は福島のコメの方が高かった。全袋検査をして、ちゃんと安全を確認しても風評被害は依然としてひどい。政府が対策してくれているのかもしれないけれども、現場にいると、その実感はない」

第四章　海を守る民

三軒一高さん

キャロリン・フィニーさん

カート・ハッチェンドーフさん

チャーリー・濱崎さん、文代さん

宇佐川彰男さん

脊古輝人さん

マイカ・マッカーディーさん

貝良文さ

鈴木崇試さん

グレッグ・コルファックスさん

辺境の部族

「海は自分たちと外の世界をつなげているものだ。そこに流れだした放射能はいずれ、自分たちのところへやってくる」

ワシントン州沿岸部の先住民部族、マカ族の捕鯨委員長、グレッグ・コルファックスさん（六三歳）の言葉だ。三月一一日に巨大地震が東北地方を襲った翌日、福島の第一原発一号機が水素爆発。その二日後、おなじ敷地内にある三号機も水素爆発を起こした。そのときわたしは、マカ族の居留地で二〇〇〇年以上の歴史をもつ伝統捕鯨を守ろうと奮闘する部族の歴史と文化について調査をしていた。

アメリカの最西端（アラスカ州を除く）に位置する、太平洋にせりだした岬の突端にある辺境の居留地では、大海を越えて、放射能汚染物がワシントン州にまで到達するのでは、と心配する声を耳にした。

コルファックスさんは、自宅のテレビ画面に釘づけになって、福島原発関連のニュースに見入っていた。

「どんなにちいさな汚染でも、海を汚すことにかわりはない」と不安そうな表情だった。

巨大津波が東北地方を襲った翌日、マカ族の集落には三〇センチほどの津波が来たという。海はひとつなのだ。集落の西側には、黒潮に乗って、アジア諸国から運ばれてくる日用品やゴミが散乱している砂浜がある。

もともとマカ族にとって、捕鯨は貴重な食糧を得る手段であるだけでなく、宗教儀式に欠かせない営みで、精神世界の支柱を形成するものだった。共同体の絆や、民族的なアイデンティティの構築プロセスにおいて、捕鯨は重大な役割を果たしてきた。

一九世紀半ば、東海岸から西へアメリカ大陸を横断したルイスとクラークの探検隊が、マカ族と接触をもったという記録が残されている。それ以降、侵入してくる多数の白人たちによって、部族の大半が麻疹《はしか》や天然痘などの伝染病に感染させられ、人口は激減した。

一八五五年にマカ族が連邦政府と交わした「ニア湾条約」には、土地の一部を白人に譲る代わりに、代々受け継いできた捕鯨の継続を保証するとの文言がふくまれる。もっともこの条約の内容は、白人と先住民のあいだの圧倒的に不平等な力関係を示していた。

マカ族居留地にある博物館に勤めるカート・ハッチェンドーフさん（六一歳）はこう語った。

「当時、マカ族は白人がもたらした、伝染病に苦しめられていた。ニア湾条約に署名させすれば、それらの病気の特効薬を譲渡するという約束も交わされた。ところが、この誓約は反故にされ、先祖は見殺しにされた。伝統捕鯨を認めるという約束も破られたままだ。部族はむかしから細々と捕鯨をしてきた。白人による乱獲によって、鯨は絶滅寸前になった」

一九二〇年代以降は、鯨の減少から、マカ族は捕鯨を自主的に停止していた。しかし、一九九四年以降、コク鯨の増加にともない、絶滅の危機を脱したとの判断から、捕鯨の復活をもとめる声が強くなった。マカ族の訴えを受けた国際捕鯨委員会（ＩＷＣ）は、「原住民生存捕鯨」のために、年間平均四頭という制限つきで、彼らの捕鯨を認めた。

ところがこれを受けて、反捕鯨団体や動物愛護団体が、人口一〇〇〇人あまりのちいさな居留地に乗りこんできた。なかには「鯨を殺すな、インディアンを殺せ」というプラカードを掲げる過激な集団もあった。

そんな状況のなかで、一九九九年、マカ族はおよそ七〇年ぶりに一頭のコク鯨を獲り、捕鯨を再開した。しかし、外部からの圧力はさらに強まり、捕鯨は中止に追い込まれた。

その後、この問題は訴訟に発展した。部族の捕鯨がもたらす環境への影響はどうか、連邦海洋大気庁などによる研究や調査が繰り返されている。連邦政府は現在に至るまで、マカ族の捕鯨を許可していない。

このままでは捕鯨の技術のみならず、宗教儀式の伝承もままならない。

わたしがマカ族に興味をもったのは、アメリカで生活していたときに何度となく「なぜ日本人は鯨やイルカを食べるのか」という質問をぶつけられたからだ。和歌山県太地町《たいじちょう》のイルカの追い込み漁と水銀摂取に焦点を当てた、映画『ザ・コーヴ』（ルイ・シホヨス監督、二〇〇九年）が話題になっていたことも関係していた。リベラルを謳《うた》うヒッピーや動物愛護派、菜食主義者が多く住むことで知られている、カリフォルニア州のバークレー市の大学に所属し、研究していたから、なおさらだったのだろう。

正義の味方

バークレーで『ザ・コーヴ』を一緒に鑑賞した、現在はバージニア大学で教鞭《きょうべん》を執るデイビッド・エドモンズさん（五四歳）は、自身が白人だからか「白人男性がアジアに行き、正義の味方のように振る舞うのを見ていて恥ずかしくなる」とコメントした。

彼は捕鯨には必ずしも好意的ではないが、反捕鯨、反イルカ漁という映画の主題よりもむしろ、活動家が日本のちいさな漁村、太地町にやってきて、警戒する地元の警察に平然と嘘をつき、立ち入り禁止区域に無断で侵入する暴挙に、唖然としていた。

映画のスタッフは、イルカの追い込み漁がおこなわれる入り江（cove）に隠しカメラを設置して、盗撮をおこなうだけでなく、立ち入りを制止する漁師の顔に至近距離から迫る。日本人がアメリカでやったらすぐさま投獄されるような暴力的な手法は、きわめて人種差別的だった。先住民の居留地で、部外者は立ち入り禁止と記された場所でも、堂々と踏みこんでくる白人観光客の姿を連想させた。

撮影隊は、あたかも秘密帝国に乗り込むような過剰な悲愴《ひそう》さを示して、ゲリラ作戦のようにに暗視カメラを操作して、陰影のある画面で緊張感を漂わせる。漁民が入り江でイルカをジャンス（細長い鉄管の先に刃物がついている。現在は使用されていない）と呼ばれる漁具で突き刺し、海が血で赤く染まるシーンでは、漁師が悪魔のように仕立てあげられている。制作する側が信じる「正義」をアピールするためならば、そこに住む人びとの生活や文化、法律を遵守しなくても構わないという独善性が強く感じられる。ハリウッド映画が量産してきた西部劇で、先住民を描く手法と類似している。

さらに映画のスタッフは、東京などの都市部の街頭で、日本でイルカが食用にするために殺されている、そのことを知っているか、ときいて歩く。知らないと答える人や、まさか食用になっているとは、と驚愕する表情を大きく映しだし、日本人にもよく知られていない、だから、イルカを食用にするのは、日本の伝統文化ではない、と結論づける。

日本の国土はアメリカとくらべて、面積で約二五分の一とはるかにちいさな国だが、地域ごとに文化は多様だ。そもそもひとつの国が内包する文化は、単一的であるわけがない。都会で暮らす人びとが、それまで見る機会のなかった漁労の現場の光景に驚いたとしても、なんら不思議はない。たとえば、食肉をつくる屠場の現場を差別的な視点で描いて、そこで働く人たちへの批判に利用するのは、フェアではない。

その短絡的なプロットに、さまざまな文化をもつ先住民を、すべて長髪、羽飾り、狩猟民族として描いたハリウッドの西部劇を思い出さずにはいられない。北米大陸の「伝統」ともいえる、先住民の宗教儀式について、ニューヨークなどの都市部に住むアメリカ人がどれだけ理解しているのだろうか。

「国粋主義者」

アメリカでの映画『ザ・コーヴ』の評価はきわめて高い。たとえば、「ニューヨーク・タイムズ」は「スパイ小説のように展開する非常に完成度の高いドキュメンタリー」（二〇〇九年七月三〇日）と誉め称えた。映画は注目を集め、大ヒットを飛ばした。そして二〇一〇年、長編ドキュメンタリー部門でアカデミー賞を受賞する。

女優としてのキャリアを経て大学院に進学し、現在はカリフォルニア大学バークレー校の環境科学・政策・管理学部で教える、黒人女性キャロリン・フィニーさん（五四歳）は、『ザ・コーヴ』の受賞についてこう分析した。

「アカデミー賞の審査は、映画の作品としての完成度や、映像のクオリティ、メッセージ性（その強さ、きちんと伝わっているのかなど）を総合的に評価します。その点で『ザ・コーヴ』は、主人公たちのメッセージをわかりやすく伝えているということで、賞を獲れたのではないでしょうか」

その反面、彼女はこの映画について、「これが真実だ」という強引な訴え方を用いて、観客に価値観を押しつけていると指摘する。

「漁師の日常の一部だけを切り取って、自分たちの都合で『悪い人』に仕立てあげる。その背景にある太地町の人びとの暮らしや町の歴史などがまったく描かれていないのは、都市部の黒人社会の表象のされ方と酷似しています」

おなじような観点から黒人社会も描かれてきた。たとえば、黒人の文化といえば、若者によるヒップホップ音楽に目がいきがちだ。さらには都市部に巣食った貧困と犯罪のみに焦点が置かれることが多く、長い時間をかけて形成されてきた独特の文化や、当事者たちの視点が不可視化されてきた。

そんな折、フィニーさんとおなじ学部で教えていた、ダコタ族のキンバリー・トールベアーさんから、彼女が担当する環境問題の授業で講義してほしいと頼まれた。その前の週に、このクラス（約一〇〇人）では『ザ・コーヴ』を鑑賞していた。イルカを殺すシーンや日本の漁師を悪者として描くストーリーを見せたあとの登壇だけに、わたしはかなり緊張していた。

このとき、同校でおなじく客員研究員をしていた妻とふたりで、江戸時代に日本が開国に至った経緯に、欧米の捕鯨産業が関わっていることや、日本の捕鯨文化について、かなり詳しく話をしたのだが、学生たちは妙に冷めており、反応はいまひとつだった。

この授業での学生の態度や捕鯨問題について、動物愛護に熱心な白人の研究者の友人とバークレー市内のカフェで話をする機会があった。「欧米の価値観によってすべてを否定することには抵抗を感じる」とわたしがいうと、知り合って一〇年以上にもなるのに、「国粋主義者」「右翼」「野蛮」というレッテルまで貼られた。

バークレーで、剝き出しの敵意にさらされたわたしは、太地町に暮らす漁師や町民が、過激な活動家にどう対応しているのか、関心をもった。許可なく至近距離からカメラをむけられ、罪なきイルカを殺す残酷な黄色人種に描かれ、漁の邪魔をされながらも、映画のなかで漁師たちは非暴力を貫き、耐え抜いていた。

また、マカ族の居留地で「太地町はどうなっているのか」ときかれたことがあった。当時のわたしは、答えられなかったが、太地町の人たちが捕鯨の伝統をどのようにして、つぎの世代に伝えるか、マカ族やアメリカ先住民が歩んできた歴史に重なるところがあるように思えた。

漁民のプライド

日本に帰国したあと、二〇一二年七月と翌年八月の二回にわたって、紀伊半島の南部に位置する太地町（人口約三四〇〇人）を訪ねた。東京から名古屋までは新幹線、名古屋からは特急列車に乗り換えて、一気に南下した。山あいと海沿いの両方を走り抜けておよそ三時間。実際の距離よりもかなり遠く感じられた。

終点の紀伊勝浦駅で降りて、予約していた太地町内の宿にむかった。町に着いて、まだ日が高かったので、入り組んだ海岸線を散歩した。内陸部を歩くとすぐに山の斜面が目の前に迫ってくる。平地は思ったほど、ひろくはない。

太陽がなにかに反射しているのか、家屋や路《みち》を照らすやわらかな光線が、開放的な街並みを明るくしている。ロサンゼルスのヴェニスビーチにどことなく似た、自由な雰囲気がある。

ヴェニスビーチは、一九一四年に公開された、チャールズ・チャップリンの第二作目『ヴェニスの子供自動車競走』の舞台になった場所だ。そのあと、南カリフォルニアの移民社会を目の当たりにしたからか、チャップリンは社会批判を盛りこんだ喜劇を撮りはじめた。多人種が行き交うヴェニスビーチで受けた刺激と心地よさを、日本の住宅地で思い出すことになるとは意外だった。

翌朝、町役場の応接室で太地町漁業協同組合参事の貝良文《かいよしふみ》さん（五二歳）から、激化する町内での反捕鯨団体の妨害について話をきいた。

イルカの追い込み漁は、九月から二月いっぱいのあいだおこなわれる。なかには何百頭ものイルカを獲る日もあるという。この間、反捕鯨活動家の数は常に五人くらいで、時期によっては、二〇人ほどにもなる。彼らは隣の那智勝浦町《なちかつうらちょう》の宿泊施設を拠点にして、太地町にはカネを落とさないようにしているようだ。

毎年、漁がはじまるころになると、国内外の活動家たちは漁協と町役場に繰り返し電話をかけてくる。電話口からはたいがい、日本語の抗議文を録音した音声が流される。これまでに漁民たちは過激な活動家たちに、さまざまな妨害行為を受けてきた。活動家は、イルカ漁にむかう漁師にライトを当てたり、カメラを近づけたりして威嚇する。漁民たちを乱暴な言葉であおりたて、挑発して、怒るのを待って撮影する。

最近では、女性活動家のひとりが、二〇代の漁師の下半身を指差して「ちいさい」と英語で挑発した。漁師への誹謗《ひぼう》中傷は、性的な放送禁止用語、卑猥《ひわい》な罵詈《ばり》雑言にまで及ぶ。許可なく撮影された映像は、反捕鯨団体のネットで全世界にむけて発信される。

町役場は、公共の場所にロープを張り、「立ち入り禁止」と英語で書かれた看板を掲げている。それでも活動家はお構いなしに侵入してくる。鯨やイルカ漁に携わる漁民には、なにをしても許されると思っているのだろうか。

欧米の捕鯨国、ノルウェーで、反捕鯨の活動家がここまで執拗な妨害行為に至ることはないのでは、という指摘がある。マカ族の居留地で見聞きした話と、実によく似た状況だ。

貝さんは「差別っていうのもあるんでしょうね。日本人だから余計我慢できないっていうのもあるのかもしれないですね」と差別問題としても見ている。

二〇一〇年春、『ザ・コーヴ』が長編ドキュメンタリー部門でアカデミー賞を受賞し、話題にのぼったころ、太地町役場への嫌がらせの電話や活動家の抗議行動は激しさを増した。抗議者のなかに、アメリカ人の女優で、『ザ・コーヴ』にも出演した反捕鯨活動家、ヘイデン・パネッティーア（当時二〇歳）がいた。二〇一〇年五月二六日付の「ハフィントンポスト」によると、彼女は太地町がイルカ漁をやめるのであれば、喜んで同町の広報活動に参加し、観光の活性化に協力したいと述べた。

ほかに糊口《ここう》を凌ぐ方法をあたえれば、先祖から受け継ぎ、これまで固守してきた伝統を放棄するとでも考えたのだろうか。異文化を理解しようとしない、傲慢《ごうまん》さが目につく。

捕鯨は太地町の歴史と文化の根幹をなしている。どう生活していくかというだけでなく、どう生きるかの問題につながっているのだ。活動家による土着文化の全面的な否定という行為は、狩猟を禁止し、一様に農夫にしようとした、アメリカ先住民への同化政策とまったくおなじ思想に基づいているようにも見える。

活動家に関して、貝さんは落ち着いた感じでこう話した。

「相手が露骨に攻撃してくるのだから、こちらも打って出るべきではないかという意見もありますが、わたしたちは漁師だから。魚を獲るのが先決です」

問題が起これば、漁は中止になってしまう。どんなことをされても、なにがあっても「とにかく、我慢する。いつまでも我慢する」と話す貝さんの決心は固い。

貝さんによれば（二〇一四年三月三一日現在）、太地町漁業協同組合には登録漁船一九八隻、正組合員が一四五人、準組合員が二三六人いる。追い込み漁には二三人、小型捕鯨には一一人、突きんぼう（一本銛《もり》）には三から五人、計約四〇人の太地町民が捕鯨もしくはイルカ漁に携わっている。漁師のプライドが自制心につながっているのだ。

漁師たちがひたすら耐えている理由について、「漁をつづけたいっていうのがあるんです。誇りをもって仕事をしているのです」というのは、市役所に勤める鈴木崇試《たかし》さん（二一歳）だ。彼は太地町の中学校を卒業後、新宮市の高校に進学した。

生まれ育った町から離れてみて、おなじ紀南地方でも、捕鯨は太地町ならではの、ユニークな文化であると痛感したという。鯨料理が給食の献立にあったり、近所からのおすそわけで、鯨肉がまわってきたりもする。映画『ザ・コーヴ』は、ひどい描かれ方をしていて、ショックを受けたと話した。

鈴木さんの同級生で捕鯨に携わったのは、ひとりだけ。その男性もすでに辞めている。

同級生でも町に残る人はすくなく、クラスの四〇人中、三〇人以上は大阪や東京へ出ていった。確実に過疎化は進んでいるものの、追い込み漁には若い人たちも参加しており、あらたな世代が育ちつつある。いまでも漁師の花形は、「鯨獲り」といわれている。

反捕鯨宣伝映画

エスカレートする活動家に関して、観光関連の仕事をする五〇代の男性は、「そう思ってはいけないのはわかっているのですが、白人を見ると活動家じゃないかと身構えてしまうのです」と胸の内を明かした。

太地町内の観光施設で働く三〇代の女性の家族は、先祖代々捕鯨に関わってきた。親戚のひとりは、『ザ・コーヴ』に登場する漁師だ。彼女は納得がいかない表情でこう話した。

「なんで、知り合いのお兄さんたちが、あんなに怖そうに描かれているのか。悔しかったです。活動家が来ると町中がギスギスして、生まれ育った町なのに、なぜか緊張します」

『ザ・コーヴ』の制作スタッフは、はじめに熊野灘《くまのなだ》の自然をテーマに映画をつくりたい、と町役場に接触してきたという。役場側はしばらく協力していたが、捕鯨のことばかりきいてくる。やがて、船にも乗りたい、漁にも同行したいと要求してきた。断ると、町役場が取材拒否をしたから、隠し撮りを余儀なくされたといい立てるようになった。

以前、核開発の中心地のひとつ、ニューメキシコ州のロスアラモスの目抜き通りで一枚写真を撮ったときに、その一分後に二〇人ほどの警官に囲まれ、カメラを取りあげられた苦い経験がある。もちろん「撮影禁止」の看板はなかったが、機密に包まれたロスアラモス国立研究所を撮影するのは怪しいという理由からだった。アメリカでは、日本人が『ザ・コーヴ』の手法でドキュメンタリー映画を撮ることは、実質的に不可能だ。

イルカの追い込み漁に携わる、漁師の脊《せ》古《こ》輝《てる》人《と》さん（六七歳）は、海洋保全団体「シーシェパード（正式名 Sea Shepherd Conservation Society）」をはじめとする活動家たちが来るようになってから、イルカ漁は大打撃を受けているという。

「むかしは値段が安かったら、許された範囲内で、量でこなそうっていう考え方だった。いまは『シーシェパード』がいるから量が獲れない。いままでだったら、朝から何トン何十トンと追うてきた。一晩置いておいて、つぎの日に捌《さば》けばよかったが、いまは一晩置いておくと、網を切られたりする。だから、追うてきて、その日に解体しなくてはならなくなった。一一時に追うてきて、そこから捌いても量的には知れている」

イルカを捕獲することと、解体することの両方を一日でこなさなければならなくなり、漁獲高はあがらない。これまではイルカの肉が安ければ、量をたくさん獲ってカバーしようとしてきた。それができなければ、追い込み漁に参加する漁師全員が生活するために十分な量を確保することができず、後継者が育たない。「若い子がいつ辞めてもおかしくない状態」と脊古さんはいう。

反捕鯨団体等の嫌がらせ行為は、映画のスタッフが来る前から、一〇年以上もつづいている。警察に訴えても、法に触れてないから、という理由でとくになにもしてくれない。

「日本人がこんなことやったら、すぐに警察に止められる。白人だからなにもやらない」

脊古さんは、政府から許可を受けているかぎり、その権利を有効に使って捕鯨をおこない、先祖から受け継いできた営みを若い世代に伝えていく、と厳しい眼差しで語った。

大惨事

「かわいいから（イルカや鯨を）食べてはいけないといったら、なんも食べられないでしょ。それ以前に太地では食料品なんですよ」と貝さんは訴える。もともと太地町では、イルカや鯨の肉を「買う」という習慣はない。漁師や家族、隣近所で分け合っていた。鯨肉やイルカの肉はごく普通の食材で、すき焼きといえば、イルカの肉が定番だった。

太平洋を隔てたマカ族の捕鯨委員長のコルファックスさんはこう話していた。

「マカ族の世界では、鯨は銛師の妻とおなじように銛師に接するといわれている。だから、漁のあいだ、銛師の妻は家でおとなしく待っている。すると、鯨は銛師の妻のようにおだやかになり、暴れずに銛を受け入れる」

先住民の世界では、銛師と鯨は敵対関係にはなく、確かな信頼関係がある、と貝さんに伝えると、太地町には、そこまで神話的なものはないが、鯨に関連するたくさんの儀式、鯨を祭る神社、お寺には鯨の墓、町なかには鯨の供養碑もある、と教えてくれた。鯨にまつわる民謡や詩歌も多く、捕鯨はこの町の文化形成には欠かせない重大な役割を果たしてきた。

太地町での捕鯨の歴史は古い。熊野太地浦捕鯨史編纂委員会編『鯨に挑む町　熊野の太地』には、「太地ではすでに建保年間（一二一三―一二一八）の昔から鯨を捕った」と記されている。

捕鯨の話をしていると、必ずといっていいほど話題にあがるのは、太地町内にある、その独特な名字についてだ。たとえば、脊古さんの名字は脊古船（勢古とも書く）や脊古師からきている。

町内には、ほかにも網野（網専門の業者）、糸永、由鬚《ゆひげ》、海野、漁野《りようの》、筋師《すじし》、遠海《とおみ》といった鯨や海に関係する名字をもつ人たちが多い。こうしたことからも、太地町の歴史や文化において、鯨との関わりがきわめて重要な意味をもってきたことがうかがえる。

名字同様に、一八七八年に壊滅的な数の犠牲者を出して、その後の太地町の歴史を大きく変えた海難事故「大背美流れ《おおせみ》」について、町内で何度も耳にした。町役場のホームページによると、この悲劇が起きたのは、不漁がつづいていたこの年の一二月二四日だった。漁師たちはこの日、一九隻、一八四名という体制で漁に出た。午後二時ごろに沖合に巨大な背美《セミ》鯨の親子が姿をあらわした。

太地町には「背美の子連れは夢にも見るな」といういい伝えがある。子を守る親鯨は死力を尽くして抵抗するため、子連れの鯨を獲ることはよしとされていなかったのだ。しかし、獲物が獲れなければ、年を越せない。天候は悪化しており、慎重論もあったが、親子づれの鯨は天からの恵みであると信じて、午後四時ごろ、捕獲に踏みきった。

「そのころは、『一頭獲れば七浦潤う』っていわれていましたから、不漁がつづいていたので、どうしてもハングリー精神で行こうや、っていうことになったのでしょう」

というのが脊古さんの解釈だ。手を出してはいけない親子連れの鯨も、食糧・収入確保の千載一遇のチャンスと映ったのだ。

だが、親鯨は激しく暴れて、到底歯が立たない。激闘は夜通しつづけられた。その荒々しさは、アメリカの代表的な作家、ハーマン・メルヴィルの『白鯨』の一場面を思い起こさせるほど、壮絶だったようだ。

ついに翌朝午前一〇時ごろ、捕獲に成功。壮絶なドラマだったが、精も根も尽き果てた漁師たちには、もはや鯨を引きながら港にもどる気力は残されていなかった。泣く泣くしとめた鯨を海に離したものの、大海原で立ち往生しているあいだにも、みるみる波は高くなっていく。漁師たちにはもう櫓《ろ》をこぐ力は残っていなかった。

さらに天候は荒れ、強風に煽《あお》られ、漁船は遭難。一二人が餓死、八九人が行方不明になり、捕鯨道具の一切を海に流されるという大惨事となった。残された家族の泣き声が数日間も町内に響き渡ったといわれている。

すべてを失い、どん底を経験した太地町の漁師たちは、その後、沿岸部での捕鯨をつづけながらも、海外で鯨を追うことになる。近海では国内の海洋業者の乱獲で、鯨の数は激減していた。

『太地町史』によれば、一九三四年、すでに世界各国が捕鯨に力を入れていた南氷洋に、日本も漁場を移すことになった。その二年後、創立間もない太平洋捕鯨船団から、太地町に作業員の募集がかかり、南氷洋への道が拓かれた。当時の砲手には、四人の太地町出身者の名前がある。

以降、戦争中をのぞき、南氷洋への出稼ぎはつづいた。一九六三、六四年には各々二三一人の太地町民が乗組員として海を渡った。

三軒一高現《さんげんかずたか》町長（六五歳）いわく、当時は南氷洋から大金を握りしめて故郷にもどり、二〇代で家を建てる人が続出した。そうでもしないと結婚相手が見つからないほど、仕事が限られていた時代だった。一攫千金《いっかくせんきん》を狙《ねら》える仕事として、南氷洋へ出稼ぎに行く漁師はあとを絶たず、漁師たちのあいだで人気を博した。

大海を越えて

和歌山県は、海外移民を数多く輩出してきたことでも知られている。とくに紀南地方の地形は起伏が激しく、耕作地がすくなかったため、あらたな土地と機会をもとめて人びとは故郷を離れていった。

『和歌山県移民史』によれば、一八九七（明治三〇）年から一九四〇（昭和一五）年のあいだに、太地町のある東牟婁《ひがしむろ》郡とその隣の西牟婁郡でパスポートの発給を受けた人の数は二万八一二九人にものぼると記されている（和歌山市は三二一二人）。太地町に関していえば、全家庭のおよそ六割から七割が移民に関係しているという。

『太地町史』によれば、一八八三年に五人の町民がフィリピンへ旅立ったのが、移民のはじまりだった。その後、オーストラリアやブラジルなどにむかう人もいたが、とりわけ多かったのが、アメリカへの移住で、一八九一年ごろ、一〇人の男性によって、その第一歩が踏みだされた。これ以降、一九世紀後半から二〇世紀にかけて、太地町だけでなく紀南地方から、たくさんの人たちがアメリカ、とくに西部を目指した。そのころ、大陸横断鉄道の建設現場や鉱山、農場で労働者がもとめられていたのだ。

最初こそ自由渡航が許されていたが、移民の数はだんだんと減っていく。二〇世紀初頭から反アジア感情が高まったアメリカの西海岸諸州において、日系人による土地の所有や日本語教育を制限するなどの反日移民法が、つぎつぎに成立したからだ。

そうしたなかで、アメリカへの移民にも制限がかかったため、メキシコやカナダに渡ったあと、陸路で密入国を果たす人も出てきた。

それでも当時はまだ、単独で渡米した男性たちは、「家族」を呼び寄せることができた。

在米独身男性と日本にいる女性とのあいだで、大海をはさんで写真だけのお見合いが開始された。この慣習によって、「ピクチャー・ブライド（写真花嫁）」と呼ばれる女性たちがアメリカに渡った。太地町出身者と婚姻関係を結ぶため渡米した同町出身の女性は一四三人にのぼる（このなかには、太地町以外の出身者と婚姻関係を結んだものはふくまれていない）。

一九二〇年、海外在留町民の数は五九六人、アメリカから六万六三六一円、オーストラリアから一万三一九五円の仕送りがあった、と『太地町史』の年表には記録されている。

その後、反日感情は一九二四年に排日移民法の制定という形で表面化する。これ以降、日本人のアメリカへの移民は禁止されることになった。それでも依然として海外在留者は多く、『和歌山県移民史』によれば一九三〇年、町の人口は三八六二人、それにたいして、海外に在留していた町民の数は五一六人で、そのうちの三三五人はアメリカにいた。

太地町立くじらの博物館の学芸員、櫻井敬人さんは、二〇〇九年に和歌山市で開かれた『特別展　紀伊半島からカリフォルニアへの移民　サンピードロの日本人村』の「展示・図録」小冊子にこう記している。

「一九三一年、海外から故郷太地へ送られてきた仕送り金の合計額は実に同年町予算の約五倍に当たり、また一九三七年の町内小学生六四六名のうち、海外生まれの児童は六九名を数えた」

海外で生まれた太地町出身者の子弟が、日本文化を学ぶために両親の故郷の小学校に送られていたのだ。『太地町史』で名前を確認できるだけでも、第二次世界大戦前まで、「アメリカに帰った二世」やメキシコなどを経由した人たちもふくめると六三四名が移民の国、アメリカに足を踏み入れた。

太地町教育委員会教育長の宇佐川彰男さん（六八歳）によれば、アメリカから帰国した人たちは、人形や食器類など、当時の日本では手に入らないものをもち帰ってきた。出稼ぎに行って貯金もしくは送金し、故郷に錦を飾るのが現実的な夢とされていた時代だった。町内ではアメリカからもどった明治生まれの人たちが、丹前を着て、コーヒーをすすり、オートミールの朝食を摂る光景がよく見受けられた。いつしか、太地町は「アメリカ村」と呼ばれるようになっていく。

前出の小冊子『特別展　紀伊半島からカリフォルニアへの移民』によれば、一八九二年ごろに渡米した一〇人の先達のなかに、弱冠一六歳の筋師千代市がいた。彼は一九〇一年に帰国して、英語の独修書（料理のレシピつき）を作成。一九一七年には、村会一級議員になっている。大国の影響は教育だけでなく、村政（当時は太地村）にも発揮されてきた。

宇佐川さんは、太地町から北西へ一三キロほど海岸線を行った、那智勝浦町の宇久井で生まれ育った。そこでも、周りには移民経験者がたくさんいた。

幼いころに漁師のおじいさんたちが沖合いを指差して、「ほらあそこにアメリカが見えてはるだろう」といいきかせてくれたという。紀伊半島南部、山に囲まれたこの地域では、いまでも東京はもとより名古屋や大阪とくらべてもなお、海のむこうの異国、アメリカの方が近いという感覚が残っている。

起伏が激しい陸路での移動は長時間を要するが、大海に繰りだせば、潮の流れが異国へと運んでくれる。美しい海に囲まれた半島に暮らす人びとならではの感覚だ。

マカ族の部族長のマイカ・マッカーディーさん（四〇歳）も、海は彼らを陸や島から隔てる障壁ではなく、世界中の人たちと自分たちをつなげてくれる路である、と力説していた。現にニア湾の対岸に位置するカナダの島嶼部には、おなじ言語を話す部族が暮らしている。アラスカをはじめ、遠くは太平洋のむこうの日本ともマカ族はつながってきた。

一八三二年、愛知県知多郡美浜《みはま》町《ちょう》の漁師、音吉ら三人が漁の最中に沖へ流され、一年二ヶ月後にマカ族の居留地の海岸に漂着した。黒潮で運ばれた日本の漁師、音吉ら三人との交流はいまもマカ族の人たちのあいだで語り継がれている。

移民たちのアメリカ

新天地アメリカで、日系人は主に鉄道工事、鉱山、農業、小規模なホテルやクリーニング業の経営など、多様な職業に就いた。宇佐川さんによれば、二〇世紀はじめごろから、太地町出身者をふくむたくさんの日系人たちはしだいに、カリフォルニア州南部の沿岸部、サンピードロの沖合いに浮かぶ小島、ターミナル・アイランドでコミュニティを形成するようになる。渡米前とおなじように、海の仕事に就けるのが魅力だったのだ。

この島のほとんどは埋め立て地で、一八八一年まではラトル・スネーク・アイランドと呼ばれていた。一一・五六平方キロメートルのちいさな島だ。歴史家のグレッグ・ロビンソンが二〇一〇年に発表した研究によると、第二次世界大戦前まで、二〇〇〇〜三五〇〇人の日系アメリカ人が生活していた。

島ではイワシやアワビ漁もおこなわれ、住居用の長屋や運動場、小学校もあらたにつくられた。大半の男性は漁師に、女性は缶詰工場の労働者になった。工場では、主に「チキン・オブ・ザ・シー」、いまでいうツナの缶詰が生産された。

当時のアメリカには、魚を食べる風習がいまほどなかった。それでも手軽さから「海のチキン」の缶詰は人気を博した。「島でつくった缶詰が、後のツナ缶の原型になったのではないか」と宇佐川さんはいう。

もしも、そうであれば、アメリカのみならず、日本でサラダやサンドイッチに入れて、手軽に魚を食べる文化の礎《いしずえ》を築いたのは、この小島の移民たちということになる。

太地町公民館には、一九三五年に撮影された「太地人会ピクニック」の集合写真が所蔵されている。写っているのは二八五人。おそらく当時のターミナル・アイランドとサンピードロ周辺には、それよりも多い数の太地町出身者、およびその子孫がいたのだろう。

移民によるアメリカでの成功は、太地町にも恩恵をあたえた。故郷を想う太地人会の人たちは、家族への仕送りはもちろん、それ以外にも小・中学校の改築、神社やお寺の修復費用も海外からの寄付金があてられた。戦後の食糧難や物資不足の苦しい時代でも、海外からの仕送りが町民の暮らしを支えていたのだ。

帰国した人びとが海外からもち帰った習慣のひとつが家屋の壁に塗装を施すことだった。太地町内の日本家屋の木造の壁には、空色や黄色など、派手な塗装が目についた。日本では馴染みのない景観である。ヴェニスビーチに似た光線を感じたのは、カラフルな和風家屋のせいだったのだ。

太地町の雰囲気がどこか開放的で、わたしが長く住んだアメリカを懐かしく思い起こさせた。その背景には、海を越えて両国を行き来した人たちの歴史と記憶があったのだ。

戦争と移民

第二次世界大戦がはじまるころには、太地町の人たちはアメリカ通になっていた。あれだけ工業化が進んだ大国と、まともに戦争をして勝てるわけがないという声が町内ではきかれていたが、大きな声で政府に不平不満をいえる時代ではなかった。

戦争は、アメリカに住む太地町出身者の命運も大きく狂わせた。一九四二年、ターミナル・アイランドの住民は、敵性外国人としてほかの地域に住む日系人とともに強制収容の憂き目に遭う。当時、合計約一二万人の日系人がアメリカの「辺境」に建設された一〇ヶ所の強制収容所に送られた。

カリフォルニア州の東部に連なるシエラネバダ山脈の麓《ふもと》に建設されたマンザナール収容所には、たくさんの太地町出身者が収容された。付近には荒涼とした砂漠がひろがり、冷たく乾いた風が吹く。

あまり知られていないことだが、この収容所の北と南には、四つの先住民の居留地がある。第二次世界大戦中、アメリカ社会で「迷惑施設」とみなされた強制収容所が建てられた「辺境」は、先住民が追われ、押しこめられた居留地の空間と重なっていたのだ。

戦後になると、日系人が収容されたバラック小屋は、近くの先住民の居留地に運ばれ、再利用された。当時、バラックは貴重な資源だった。たとえば、いまでもローン・パイン・パイユーツ族の部族政府庁舎は、収容所から運ばれたバラック小屋を補修、改築した建物だ。日系人の強制収容と、先住民の現代史は、アメリカの辺境で深くつながっている。

アメリカ帰り

漁師の脊古輝人さんにも、アメリカ暮らしの経験がある。父親の知り合いがアメリカで会社をつくることになり、水産高校専攻科を卒業してすぐ、一九六七年、二二歳のときに渡米することになった。

脊古さんの父親はブラジル、南氷洋で捕鯨をしていた漁師で、海外は遠いところという感覚はなかった。それでも、しばらくはコメが食べられなくなるという心配から、アメリカ行きに抵抗があったという。

当時は、一ドル三六〇円。提示された月収は五〇〇ドルで、日本円で考えたら大金だった。渡米後、脊古さんはサンフランシスコでウニを獲るダイバーの職に就いた。三歳年上の兄も真珠獲りのダイバーで、オーストラリアからアラスカに渡り、脊古さんと合流した。しかし、サンフランシスコ周辺の海水は凍《い》てつくほど冷たく、「ダイバーっていうのは死ぬ職業。ダイ（die）バーやから」というほど、過酷だった。その後、あらたな世界で、自分の可能性を追いもとめた脊古さんは、職を転々とすることになる。

二年半ほど、イタリア系アメリカ人が船長を務める捕鯨船で乗組員をしたり、ロサンゼルスでマグロ漁に携わったが、海の仕事は安定していなかった。そんな折、カリフォルニア州南部のロング・ビーチに住んでいる太地町出身の人から「ガーデナー（庭師）が一番ええから、ガーデナーをやりなさい」といわれて、はじめてみることにした。

「英語をあまり使わなくていいし、てっとり早かった。トラックと道具さえ買ったらいい」というのも魅力だった。そのころアメリカに渡った同郷者の多くが、海の仕事をあきらめ、庭師になっていた。なかには、戦争中に強制収容されたときに船を没収され、戦後あらたに庭師の仕事をはじめた人もいた。

当時のロング・ビーチには、太地町にいたころからよく知っている人たちがたくさん暮らしていて、助け合っていた。先輩の庭師の仕事に付き添い、一週間ほどで基礎的な技術を学ぶことができた。そのあと、さっそくトラックと道具を入手し、地元の新聞に広告を載せた。「ジャパニーズ　ガーデナー」と書いたら、一週間で六〇件くらいの注文がきた。「大先輩がつくってくれたイメージはありがたかった」

誠実で勤勉なイメージは、鉄道労働や農業に従事した先輩の日系移民が、異国で苦労を重ねてつくりあげてきた信頼だった。

庭師の仕事をするうえで大変だったのは、植木や花の名前を覚えることだった。「この木はなんて名前か」と、好奇心旺盛な白人の家主にきかれることがよくあった。そんなときは、「ミヤモトムサシとかトクガワイエヤスとかっていえば、あーそうかって、そんなもんなの。きかれたらなんかいわなきゃいけないでしょ」と脊古さんは笑う。

庭師の収入は月に約二八〇〇ドル。ひと月の給与で新車が買えるほどよかったので、日本に帰国するまで五、六年つづけた。結局、約一三年間アメリカに住んだあと、三二年前、三五歳のときに日本に帰ってきた。

帰国した直接のきっかけは、追い込み漁をやっていた弟がアメリカに遊びに来て誘われたからだった。漁師の家に育った脊古さんにとって、陸での仕事には限界があった。

ときおり英単語をちりばめながら、脊古さんの話題は、六〇年代後半から八〇年代にかけて、自身が目の当たりにした人種問題や貧困問題など、当時のアメリカ社会が抱えていた陰の部分にまで及んだ。それは、移民生活を体験した人のみが語れる貴重な証言だった。おききしているうちにアメリカを引き払ったのには、ほかにも理由があるように感じた。

脊古さんは、ロング・ビーチに住んでいたころ、近所で起きた銃撃事件のことを話してくれた。ある日の朝四時ごろ、四軒ほど隣の家から、花火のような爆発音がした。その家の末息子が薬物を乱用し、家族全員を銃殺したのだ。

事件が起きてすぐに、脊古さんの家族が警察に電話したが、誰も来なかった。銃撃戦に巻きこまれたくないのは、警官もおなじなのだ。結局、夜が明けて、すべてが一段落してから、涼しい顔をした警官がやってきた。

頼りにした警察がすぐに駆けつけてくれなかったことは、ショックだったはずだ。わたしもアメリカで、似たような経験がある。異国で感じる自分の存在の軽さは痛烈だった。治安の悪さや格差問題を目撃する経験も、脊古さんに里心がつく要因のひとつになったようだ。

アメリカ暮らしが長かった脊古さんは、反捕鯨の活動家が浴びせかける無礼な物言いを理解できないわけではない。最初のころは真正面に対応して、いい返したりしていたのだが、やがて相手にするのが、わずらわしくなった。すべてが理不尽だから、話し合うのが億劫《おっくう》になったのだ。

「白人なんて、薄情だ。人情がない。お前はお前、俺は俺っていう、その延長がこのような活動（町内での妨害行為）を生んでる。お前らのやっていることはよくないといって、こちらを理解してくれない」

仕事での待遇や治安の悪さに帰国を決意した脊古さんが、こんどは故郷の太地町でアメリカから来た活動家たちに苦しめられているのは、時代の変転というものだろう。

民主主義のために

昭和に入ってからも太地町には、さまざまな難題がふりかかった。一九五三年に制定された「市町村合併促進法」のあおりを受けて、近接する下里町《しもざとちょう》と太田村の二町村、または那智町と勝浦町のふたつの町との合併計画が和歌山県によって打ち立てられた。

しかし、太地町民の同意を得ることはできなかった。そして、一九五七年には和歌山県知事が「新市町村建設促進法」に則り、太地町と下里町、太田村に三町村合併の勧告をくだした。財政的に見て、太地町は下里町と太田村よりも安定していた。合併で生じる財政難への懸念から、町民の反発を受けて町長は辞職、町議会は解散となった。

そのあと開かれた町長選挙に、合併反対派の支援を受けて出馬、当選したのが、庄司五郎元町長だった。三軒現町長によれば、当時は南氷洋への出稼ぎが多く、税収があったので、合併しないと住民の生活が破綻するという和歌山県からの指導にも庄司氏は強気だった。町の存亡に捕鯨は大きく影響していた。太地町は、これより五期にわたって、庄司町長とともに周辺の市町村とはちがった独自の路線を歩んでいくことになる。先述した勝浦町と那智町は宇久井村と色川村と合併したあと、下里町と太田村を編入し、いまの那智勝浦町になった。一方で、太地町は、現在に至るまで独立している。

合併騒ぎが一段落したあとに、湧きあがったのが、隣接する古座町《こざちょう》田原荒船地区と那智勝浦町浦神地区への原発の誘致問題だった。

一九六八年一二月一七日には、古座町の町議会が関西電力の原発誘致を決議、翌一九六九年二月一〇日には那智勝浦町の町議会も決議した。もともと関西電力は、紀伊半島の西部、太地町から海岸線を北西に一三〇キロほど行った日高町《ひだかちょう》に、大型の原子力発電所を建設する予定だった。

しかし、一九六八年七月に計画が表面化すると、地元で反対運動が起こり、断念せざるを得なかった。その直後に標的になったのが、古座町と那智勝浦町だった。

太地町は一九六九年一月三〇日、町議会第一回臨時会をひらき反対決議をおこなった。それからひと月ほどした三月一日には、太地町原子力発電所設置反対連絡協議会が発足する。町議会による素早い対応から、このちいさな町にひろがった当時の緊迫感が読み取れる。寺井拓也氏は共著書『原発を拒み続けた和歌山の記録』で、「周辺自治体でいちはやく反対したのは太地《たいじ》町である」と記している。

同年三月、バス三台に便乗した町民一七〇名が、和歌山県知事と県議会議長に陳情書と署名簿を手渡した。『太地町史』には当時（一九六九年）の様子が年表に記録されている。

「六月二三日婦人会、漁協婦人部、青年会等、田原、浦神地区へ啓蒙パレードを行う」

「七月一日　陸海上パレードを行う。

漁協　海上パレード　漁船五八隻　一五〇名
交通安全自治会他陸上自動車パレード　自動車　二七台　六〇名」

このあとも、反対運動の勢いは止まらなかった。一九七一年一〇月八日、那智勝浦町議会において「原発誘致、設置反対決議」が可決される。現在、太地町の副町長を務める漁野伸一さん（六四歳）は、当時はまだ町役場に勤めはじめたころで、抗議行動のときに運転手として狩りだされた。「漁協も市役所も、みんなで一丸となって反対運動に取り組んでいた」と振り返る。

三軒現町長は「なんでお前たちが他人《ひと》の町に来るんだ」、と罵声を浴びせられても、めげずに行進していたことを懐かしそうに回想する。

そのころ、太地町内の小学校の教員をしていた宇佐川さんは、和歌山の教職員組合の一員として、反対運動の最前線に立っていた。「民主主義を守るための闘いだった」と述懐する。その奮闘は、いまも、紀伊半島には原発が一基もないという住民の勝利を導いた。

巨大な敵にたいしても、一致団結してあきらめないというのは、町に根づいた捕鯨の伝統にも通じている。原発から海を守る闘いの原点になっていたのは、太地町に江戸時代からつづく、鯨方の家訓だった。

「海を渡って来る鳥、魚は恙なき処を求めて寄って集まるものなれば、海べりの岩も、島も、岩礁も、木草も、大事に守り損せらまじき事」(「熊野学」新宮市教育委員会文化振興課ホームページ)

鯨とともに

原発反対運動の先頭に立った庄司五郎元町長の闘いは、強い信念に支えられていた。

「ここに環境の町をつくり、鯨の牧場をつくり、鯨とともに生きる。原発がつくられたら人が来なくなってしまう。原発は決して安全じゃない。観光地としては生き残れない」

彼は環境への影響を憂慮していただけでなく、明確な将来のビジョンをもっていた、と三軒現町長は遠くを見る眼差しになった。庄司氏は五期目の半ば、一九七四年五月に死去するまで、一七年にわたり町長を務めた。彼は一九六五年ごろから、湾の一部を埋め立て、鯨の博物館を建てて、そこを拠点にした観光開発を進める方針を打ちだしていた。

『太地町史』によれば、その前年には二三一人が南氷洋に出かけており、出稼ぎが全盛期だった。それでも庄司元町長は、周囲に「鯨はいつか獲れなくなる。南氷洋に出稼ぎに行っている何百人もの漁師はみんな失業してしまう」と焦っていた。

しかし、そんな町の観光化を支持する人は町内でも限られており、なかには「紙くず観光」などとののしる人もいた。それでも庄司元町長の主導により、一九六九年に「太地町立くじらの博物館」がオープンする。初年度の入園者は約二九万人、五年後には四七万人を超えるまでに成長した。

太地町立くじらの博物館

そして、開館から三年経った一九七二年に、国連人間環境会議は商業捕鯨に関して一〇年間のモラトリアムを採択。時代は捕鯨禁止の方向に確実に傾いていく。一九八二年には、国際捕鯨委員会も商業捕鯨のモラトリアム採択に踏みきった。これを受けて、商業捕鯨は一時的に禁止された。

以前は多額の収入をもたらした南氷洋での捕鯨も、一九七五年には太地町から一四七名が乗組員となって参加していたが、翌年には水産会社五社が統合。退職を余儀なくされる人が続出した。庄司氏が予見していたことが、つぎつぎと現実のものになっていった。

死去する四ヶ月前、ガンで痩せ細った庄司氏は、甥《おい》である三軒現町長を自宅に呼びだした。

そこで、「紀南地方は精神の癒しの場所であること、ほかの町と合併するのではなく、町の人たちと協力しながら、個性ある太地町をつくっていくべきだ」と声を振り絞っていった。

三軒現町長によれば、庄司氏は戦前満州に渡り、巨大な商店（生協のような）の買い付けの責任者をしていた。終戦後はシベリアで五年間の抑留生活を体験、過酷な環境を生き抜いて帰国した。そんな叔父の姿を見てきた三軒現町長は、こういう。

「この町は鯨とともに栄えて、鯨とともに衰退していく。太地町は鯨とは離れられません。それぞれの時代に合う鯨との関わり方があるのです」

生前、庄司氏が発案した森浦湾での鯨の牧場づくりは、実現段階に入っている。「太地町のくじらと自然公園のまちづくり協議会」のホームページには、「森浦湾鯨の海構想の考え方」として、「鯨と人のふれあいと癒しの場の創出」や「世界に先駆けた大型鯨類飼育の場創出」などが掲げられている。

太地町は専門の研究者を雇用して、鯨の生態調査を進めてきた。将来的には全国の障がい者や引きこもりの人のための、鯨セラピーを開催することも視野に入れ、海外にも通用するような、鯨の研究都市づくりを目指している。

チャンス到来

太地町について学ぶにつれて、わたしはマカ族との共通点の多さに改めて驚かされた。マカ族の居留地もオリンピック半島の突端という辺境に位置し、過去には原発の誘致を打診されたことがある。しかし部族は断固反対し、先祖から受け継いだ鯨が住む海を守り抜いた。現在部族政府は自然との共生を掲げ、波力発電などによる自然エネルギーの開発を視野に入れている。それだけではなく、各地の大学や研究機関と協力関係を築きながら、鯨の生態や居住環境について調査するプロジェクトが軌道に乗りつつある。

三軒現町長は、反捕鯨活動家やメディアから批判を受けながらも、「ピンチはチャンス」と実に前向きだ。彼には「映画『ザ・コーヴ』は町の宣伝になっています」と微笑む余裕さえある。

反捕鯨団体が来たといって世界各国に町名が轟《とどろ》きわたる。それで興味をもった人たちが実際に足を運び、それぞれが現状を見て、考える。かくいうわたしも、あの映画を観なかったら、太地町を訪ねてみようとは思わなかっただろう。

また、反イルカ漁の映画によって予期せぬ宣伝効果があった。貝さんによれば、映画が上映されて日本中に活動家の妨害行為が知れ渡っただけでなく、漁協のスーパーにイルカ肉に関する問い合わせが来るようになった。映画の影響力を改めて思い知らされるエピソードである。

宇佐川さんも『ザ・コーヴ』のアカデミー賞受賞には落胆していたが、「町の予算じゃ、あそこまできれいな映像は撮れません」と、その高い撮影技術には舌を巻く。この映画をアメリカで観た太地町出身者たちは、スクリーンに映しだされる美しい海に、望郷の想いを馳せたという。

『ザ・コーヴ』がオーストラリアで上映されると、一九八一年から太地町と姉妹都市の提携をしていたブルーム市役所には、イルカを殺す町との友好関係に抗議するメールが殺到。一日に五〇〇〇通以上届く日もあった（「AFP通信」二〇〇九年八月二四日）。

二〇〇九年八月、プレッシャーに耐えきれなかった同市議会は、太地町と三〇年近くつづいた姉妹都市交流の廃止を決定した。ブルーム市内では、日本人墓地にイルカ漁禁止を訴える落書きがされるなど、太地町への反感が高まっていた。

しかしその後、実際に太地町の人びとと草の根の友好関係を結んできた人たちが中心になって、姉妹都市の解消に抗議する運動をはじめた。これを受けて、同市議会は二ヶ月後、決議を撤回した（「ＡＦＰ通信」二〇〇九年一〇月一六日）。

ふたつの町の交流は一九世紀末にさかのぼる。当時、装飾品（ボタンなど）の材料になる真珠貝の採集（ダイバーの仕事）や養殖のために、太地町のみならず紀伊半島からは、たくさんの人びとがブルーム市に渡った。先述の小冊子、『特別展　紀伊半島からカリフォルニアへの移民』に和歌山大学准教授、東悦子氏が寄せた解説によれば、ブルーム市内の墓地には、九一九名もの日本人の墓標がある。死因の多くは潜水病やサイクロンによるものだった。太地町出身の勇敢なダイバーたちが、異国の海で家族や故郷のために身体を張っていたことがうかがえる。

「『ザ・コーヴ』の反太地町キャンペーンは、失敗だったのではないでしょうか。逆に、この一件でブルーム市との関係が深まりました」と宇佐川さんが笑顔でいった。

おたがいの歴史と文化を尊重するならば、食文化のちがいを乗り越えることは難しいことではない。人と人とのつながりは、海を越えても深く、あたたかいものなのだ。

激痛を耐えて

はじめて太地町を訪ねた二ヶ月後、二〇一二年九月、ロサンゼルスの郊外、ロング・ビーチにむかった。拠点にした安ホテルの周辺には、黒人とラティーノ系移民、アジア系など、さまざまなマイノリティの姿が目立った。移民の街・ロサンゼルスを象徴する光景だ。

太地町からアメリカに渡った一世は、その後どうしているのだろうか。海とともに栄え、海外と関わりをもってきた町を、太平洋のむこう側から見てみたかった。宇佐川さんと学芸員の櫻井さんにご協力いただき、一九六〇年代にアメリカに渡った人を紹介してもらうことができた。

ホテルの前の大通りをまっすぐ東に走り、ゆるやかな丘をあがって、さらに五分ほど車で走った閑静な住宅街に、ゲリー・脊古さん（六八歳）を訪ねた。おなじロング・ビーチ市内でも、丘のうえと平野部では、あまりに雰囲気がちがう。

一六年前に脊古さんが購入したという白い家は、南カリフォルニアの太陽をまぶしく反射していた。応接間に鎮座する大きなフラットスクリーンには、衛星放送で日本の時代劇が映しだされている。まさに移民が描くアメリカンドリームを体現しているような印象を受けたが、ご本人にやんわりと否定された。

脊古さんは、どんな質問にもトーンを変えず、丁寧に返答する。もの静かで紳士的だ。

一九六〇年五月、脊古さんは一五歳のときに家族（父、母とそのほかの兄妹三人）で渡米した。二週間の船旅だったが、そのうちの一〇日間は船酔いに苦しんだ。当時のアメリカにはまだ、日本人排斥法や第二次世界大戦中の強制収容の余波が残っていた。

現在、額縁の輸入を手がける会社に勤務する、脊古さんの本名は正純《まさずみ》という。わたしが太地町でお目にかかった、脊古輝人さんとは同級生だが、血縁関係はない。

渡米してすぐ、アメリカ暮らしが長い叔父さんが、四人の兄弟ひとりひとりに英語名をつけてくれた。正純という名前は、アメリカ人には発音しにくいからだ。「お前はゲリー」といわれ、それ以来、その名前で通してきた。

移民するとき、とくに緊張感のようなものはなかった。脊古さんの両祖父母は、アメリカに移民した経験があり、母親は現地生まれの二世だった。アメリカは遠いところではなかった。また、叔父と叔母がそこにいたから、安心だったのだ。

太地町にいたころ、この叔父夫婦からよく小包が送られてきた。なかにはチョコレートやブリキでできた戦車、衣類などが入っていた。アメリカの服は派手で、よく目立った。奇抜なデザインのシャツを着て学校に行くと、クラスメートから「熱帯魚」と呼ばれた。

しかし、希望を胸にやってきた新天地では、痛烈な差別が待ち受けていた。中学校で弁当を食べていると、白人の生徒が空き缶を投げつけてきて、「拾え」と命令された。

「なぜだ」と問い直すと、「お前たちはそんなものでバイクをつくって、アメリカに輸出しているのだろう」と罵《ののし》られた。日本の工業製品がアメリカ市場へ出回りはじめたころだったが、まだまだ日本製品を見下す風潮が強かった。

ある日の授業中、うしろの席の白人生徒が鉛筆で背中を突いてきた。学校でいじめられたときにどう対処すればいいのか、ときいたとき、叔父さんはStop itとだけいえばいいと教えてくれた。

勇気を振るって、教わった通りにいってみたものの、相手はさらに調子にのって強く突き刺してくる。あげくの果てに、鈍い音とともに芯は皮膚を貫通して、体内に入った。あまりの痛さに脊古さんは思わず立ちあがり、その生徒を殴り倒した。このときは、事情を説明すると、教師は脊古さんの気持ちを理解してくれたが、渡米間もないころは英語ができなかったために、悔しい想いをしたという。

異国に馴染めなかったころ、ロング・ビーチの港に出かけては、日本の方を見て、故郷の太地町に想いを馳せていた。あるとき日本の貨物船の船員と知り合い、フランク永井のレコードをもらったこともあった。

「ぼくのときは『ジャップ、ジャップ』といわれていたし、アメリカのホワイト（白人）

はナンバーワンといわれていた」

公民権運動のうねりとともに、マイノリティの権利が認められるようになってはいたものの、日本人にたいする差別は露骨だった。それでも生活面ではすべてに全力を尽くした。当時、アメリカは働けば働くほどカネが入るところ。辛い肉体労働でも好んでやった。

父親の誉雄《たかお》さんは、渡米してしばらくは日本語学校の教員をしていたが、庭園業を営んでいた叔父と一緒に仕事をするようになる。脊古さんは一五歳のときから、兄のリチャードさんとともに、週末や夏休み中は庭園業を手伝っていた。

誉雄さんは仕事中でも、葬儀の車が通りかかると、帽子を脱いで、見えなくなるまでずっと見送っていた。礼儀正しく、模範的な移民であろうとしていたのだ。

新天地への想い

誉雄さんは一九二四年、太地町出身。『太地町史』にあげられている、満州からの引き揚げ者一一八人のなかに名前がある。脊古さんも兄のリチャードさんも満州生まれだ。

どうして、四人の子どもを抱えて渡米を決意したのか、脊古さんは生前、誉雄さんにきいたことがある。当時、誉雄さんはすでに四〇歳を過ぎた家族持ちであったし、親族がアメリカにいるといっても、妻子を伴う渡米には並々ならぬ覚悟があったはずだ。

満州から引き揚げたあと、誉雄さんは太地町の中学校で、国語の教員をしていた。それでも、四人の子どもに財産を残すのは難しいと感じていたようだ。当時は一ドル三六〇円。よりよい暮らしをもとめてアメリカ行きを決心したのだった。

脊古さんが渡米した一九六〇年当時、太地町出身者はよく集まっていた。毎年五月のピクニックには、二四〇〜二五〇人も参加した。そこでは、仕事の斡旋がおこなわれるなど、太地町出身者同士は助け合って生活していた。ひとりの庭師が病に倒れれば、べつの庭師が代わりに働いて穴を埋めるといった相互扶助の精神が育まれていた。

時代の流れとともに、だんだんと高齢化し、太地人会は「自然消滅」の方向にむかった。それでも、宇佐川さんによれば、二〇一一年二月に「在米太地人系クラブ」として再結成し、約一二〇人が集った。二〇一二年の三月には、九〇人以上が参加して、郷里に想いを馳せた。話されるのは日本語と英語の両方だ。

脊古さんは、映画『ザ・コーヴ』をロング・ビーチの自宅の近くにある映画館で鑑賞した。六〇年代に厳しい人種差別を経験した脊古さんは、この映画によって、アメリカには日本人にたいする偏見がまだ根強く残っていることを改めて痛感したという。

映画のなかでイルカの大量殺戮《さつりく》の現場として描かれた「入り江」は、むかし友だちとよく遊んだ場所で、思い出深かった。幼馴染みの漁師にも強引にカメラがむけられていた。描き方は、あまりに一方的だった。

「日本の政府が（捕鯨の）許可を出しているのだから、日本政府がカバーしなくてはならない問題です。鯨を獲っている末端の人たちが、活動家を相手にしなくてはならないのはおかしいのです」と、脊古さんは納得がいかない様子だった。

島風とチャンバラ

脊古さんにお会いした翌日、ロング・ビーチから西に八キロ、大きな橋をわたり、ターミナル・アイランドにむかった。雲をつくような巨大なクレーンが、海をむいて規則正しく並んでいる。何台もの大型トラックが、港にある倉庫群に吸いこまれているように走っていた。中国語のロゴが入ったタンカーが、港に近づいているのが見えた。

島に上陸してすぐ、カモメが頭上を舞うちいさな入り江に到着した。その脇に、ターミナル・アイランドにゆかりのある日系人有志によって、二〇〇二年に建立された神社の鳥居を模した記念碑と、網の補修作業をするふたりの漁師の等身大の銅像があった。鳥居の

ターミナル・アイランドの記念碑

高い部分の中心、額束には漢字で「大漁」と記されているのが、青空をバックに確認できた。
　現在ターミナル・アイランドには、連邦刑務所が建設され、交通量はまばらだ。この島で暮らしていた日系移民の面影を偲《しの》ばせるものといえば、ちいさな記念碑と漁師の銅像に限られている。
　この日、同行してくれたモハベ族のマイケル・ソーシさんは、「戦前に日系人が所有していた土地がすべて返還されるとすれば、いったいどんな事態になるのだろう」としんみりつぶやいた。土地を奪われ、共同体を破壊される悲劇を、先住民もくぐり抜けてきた。略奪や強制収容といった日系人の経験は先住民のそれと似ている部分がある。

映画『ザ・コーヴ』に関してソーシさんは、「アフリカで飢えている人たちを救うことよりも、イルカを救うことに必死になるところが白人らしい」と語った。

つぎの日、わたしは太地町の宇佐川さんと櫻井さんに紹介していただいた、チャーリー・濱崎さん（九〇歳）を訪ねた。ターミナル・アイランドで生活した経験をおもちであるときいていたからだ。

いただいた住所をもとに、たどり着いた濱崎さんが住む地域は、ロサンゼルスのダウンタウンの西側にあった。もともと黒人が多い地域だが、メイン・ストリートには、スペイン語で話しているラテン系の親子連れが歩いている。

賑《にぎ》やかな大通りから、すこし外れた住宅地に、濱崎さんの平屋建ての白い一軒家があった。家の前に日本風に手入れされた松の木が、四本ほど植えられていたので、一目でそれとわかった。まわりの景色とはすこしちがった趣である。

濱崎さんは満面の笑みと固い握手で家のなかへ迎え入れてくれた。そしてすぐに、「まず、一番最初にいうとくけどな、俺の日本語は乱暴だから、それは謝っておく。前に会った日本人は、俺のことヤクザと思った」

と矢継ぎばやに話しだした。

関西弁だが、大阪や京都、または太地町できいた言葉とはかすかにちがう。さらに英語まじりなので、ますます独特だ。土台になっているのは、紀南地方の一九二〇年代以前の方言なのかと思って尋ねた。

「ちがう、ちがう、オレの言葉は和歌山県、三重県、静岡県の漁師の言葉がぜんぶまざっておる。それから英語もまざる」

と、濱崎さんは否定した。多岐にわたる言語構成は、ターミナル・アイランドで生活していた人たちの出自をあらわしている。

濱崎さんが発するいくつかの英単語に反応したためか、「オマエ、英語わかるんか」と驚いたような声をあげた。ロサンゼルス市内にある大学院に通っていたことを伝えると、

「どこ？　UCLAに行っとった？　ミーの息子もUCLAを出て眼医者になった」と即座に切り返してきた。

一世が苦労して新天地で生活基盤を築きあげ、二世を大学に送る。日系移民の家族に話をきくと、こういう流れが一般的だ。英語の名刺を渡すと、すぐにこういった。

「オマエ博士《ドクター》か。オレもドクター。クルマのドクターや」

あっという間に初対面の緊張感はなくなった。

濱崎さんは、一九二三年に東牟婁郡田原村（現、東牟婁郡串本町《くしもとちょう》田原）に生まれた。太地町から一二キロほど南東に位置する町だ。生後すぐに渡米した一世である。

子どものころの思い出で、濱崎さんが一番印象に残っているものは、チャンバラごっこだった。島に住む友だちと日本から送られたサムライ映画を観ては、潮風に吹かれながら棒っきれを振り回していた。

現在は大きな橋が大陸とターミナル・アイランドを結んでいるが、当時の移動手段はボートだけだった。ちいさな島では娯楽がすくなかったため、人びとはスポーツに熱をあげた。島は四つの地域にわかれていて、代表者が競い合って、運動会ならぬ「オリンピック」が開催された。野球、柔道、剣道、水泳などが盛んだった。

自動車も、テレビもラジオもない。質素な生活ではあったが「一番よかった」と濱崎さんは繰り返す。濱崎さんによると、当時の島の労働人口の八五パーセントを占めていたのが漁師で、あとは商人か学校の先生だったという。濱崎さんの父親も海の仕事に従事していた。日本人がたくさんいて、友だちに囲まれていた、と懐かしそうだ。

当然、島では助け合いの精神が育まれており、島民たちは物々交換をしていた。大恐慌のときも、誰かが食べ物を調達し、みんなで分け合って凌いだ。

「おいちゃん、魚ちょうだい」と漁師にいえば、「よっしゃー、バケツもってこい」と食べきれないほどのイワシをくれた。イワシは五〇トン、六〇トンという単位で獲れた。だから、魚を店で買ったことなどなかった。現在も日系のスーパーに魚が並んでいても、買うのをためらうそうだ。

島の思い出をともに語り合える人は、いまでは五人ほどになってしまった。たまに集まると日本語と英語とを混ぜて、島はよかったという話題になるという。

島から来た喜劇王

濱崎さんによれば、ターミナル・アイランドで一番の美人は、太地町出身の女性だった。「すごいベッピンさんだった。太地はベッピンさんが多かった。おい、ベッピンさんって日本語でなんていうんだ」

たしかに一瞬外来語かとも思ったが、「ベッピンさんは、日本語じゃないですかね」と答えると、

「そうかぁ、ベッピンさんは日本語か」と笑顔になった。そばから妻の文代さん（八〇歳）が、「むかしから、太地女に古座男といいますから」と、和歌山県の美男美女のルー

ツを教えてくれる。

太地町に美人が多いのは諸々の理由によるようだが、『太地町史』には、「地勢的環境から祖先代々、鯨と魚で育てられてきたといっても過言ではない」とある。ここでもやはりカギになるのは、鯨なのだ。

文代さんも田原出身で、一九六八年に濱崎さんと結婚するために、アメリカに渡った。いきなりはじまった異国での暮らしだったが、文代さんはアメリカに親戚がいたから、馴染みのない場所というわけではなかった。祖父が明治時代に渡米し、カリフォルニア州のフレズノで農業をしていたことがあるのだ。当時は永住目的ではなく、農場を点々として、稼いだおカネを土産にして故郷に錦を飾った人が多かったという。

濱崎さんに、本名の生平《おいへい》から、チャーリーになったいわれを尋ねてみた。

「そらぁ、チャーリー（チャールズ）・チャップリンや」

と得意げに即答した。なるほど、少々拍子抜けした。

彼はほかの日系人の生徒と一緒に、ターミナル・アイランドの小学校に通ったが、そのあとに進学したのはサンピードロの中学校だった。島の小学校とはまったく異なり、「アメリカ人」の多いサンピードロで、日本人の子どもたちは突然、「マイノリティ」になった。島の外の世界に慣れない生徒にとっては、アメリカ社会での第一歩だった。

環境の変化による緊張のあまり、寡黙になる子どもが大半だったが、濱崎さんはちがった。よくしゃべる面白い生徒だと評判になって、白人の生徒から「チャーリー」と命名された。和製チャップリンは、教室で人気者だった反面、差別の対象にもなった。

戦中戦後、日系人にたいする偏見はとくにきつかったはずだ。このあたりをきいてみると濱崎さんは、

「コレがあったから」

と、軽く構えたファイティングポーズから、するりとしなやかに右フック気味のパンチを繰りだす。無礼な態度をとる白人を殴り倒した武勇伝には、事欠かないようだ。

右腕の力こぶを見せてもらったが、野球のボール大に隆起していた。九〇歳を迎えた現在も、まだまだ現役さながらに動けそうだ。

ターミナル・アイランドの日系人社会を描いたドキュメンタリー映画『古里　失われた村、ターミナル島』（デイビッド・メッツェラー監督、二〇〇七年）では、島の人たちが毎晩のように、ロサンゼルスのダウンタウンに位置するリトルトーキョーに繰りだし、散財した話が紹介されている。濱崎さんの豪快な語り口をきいていると、その光景が目に浮かぶよ

うだった。

移民街の板金工

サンピードロの高校を卒業したあと、濱崎さんはターミナル・アイランドで漁師になった。しかし、その半年後、島との別れは突然にやってきた。第二次世界大戦が勃発《ぼっぱつ》し、日系人は一斉に強制収容されたからだ。

一九四二年のある日、島に見慣れない一団が車であらわれた。FBIだった。一世は学校の教員から牧師まで、みんな拘束された。日本での思い出はまったくない濱崎さんも、一世だったため、すぐに連行された。だが、「オレは英語しゃべるから」と、軍部の通訳をやることになった。

それでも一時期は、アーカンソー州に設立されたローウェイ収容所に送りこまれた。そのときの経験にはあまり触れなかったが、わたしが二年前にローウェイに行ったときのことを話すと、訪ねる人がすくない場所だからか、意外そうな顔をした。

戦後、一九四七年から一九四九年まで、濱崎さんはアメリカの軍隊にいた。

「兵隊はよかった。メシが食えた」

その後、ロサンゼルス近郊で漁師になったがマグロの値段が下落して、漁では食えなくなった。以来、板金工一筋。

「自動車ぶつけて、ガチャンコを直す」という作業を、四〇年ほどつづけた。当時のアメリカは身体を動かせば、カネになる国だった。休みなく、毎日一五時間働いた。

「車はあっちこっちでぶつかるから、仕事はなんぼでもあった」

忙しくて大変だった。濱崎さんはネジを回して部品を外し、車を修理する身ぶりまじりで、説明してくれた。ふと、チャップリンの『モダン・タイムス』（一九三八年）の一場面を連想した。大変な苦労話なのだが、どことなくコミカルなのだ。

濱崎さんの在米生活は九〇年近くにもなるが、いまもサムライ映画好きは変わらない。日本語がわからないときは、英語の字幕を見る。「そりゃ、ターミナル・アイランドで、チャンバラばっかりやっておったから」と、満面の笑顔だ。

オリンピックで、応援するのは当然、日本。どこまでがアメリカ人で、どこまで日本人なのか、境界線はない。家のなかに飾られている日本の工芸品を指差して、「ジャパニーズ・スタイルがナンバーワンだ」とご満悦。遠くにある祖国への想いは強い。

映画『ザ・コーヴ』についてきいたが、まだ観ていないという。映画の内容を説明し、太地町の人びとが、映画から生じた偏見や、活動家による漁の妨害に苦しめられていることを話すと、すぐに大きな声で、こういった。

「オレだったらいうてやる。日本人は食糧《フード》のために（イルカを）殺してる。牛は陸のドルフィン。日本人にとってのイルカは、白人にとっての牛だ。白人に牛食うなっていってやるのとおなじこと。そこを白人はわかっていない」

力強い言葉だったが、すこし悲しそうだった。

別れ際、夫妻で家の外まで送りに出てくれた。南カリフォルニアの太陽が濱崎さんの白い家をまぶしく照らしていた。その前で濱崎さんは誇らしげだった。車が発車すると、ふたりは見えなくなるまで、手を振って見送ってくれた。

白人男性の病

「White Man Syndrome（白人男性症候群）」と呼ばれる病があります。白人にも、この病を認識している人はすくなからずいます」

と前に紹介したバージニア大学で教鞭を執るデイビッド・エドモンズさんは、なにやら情けなさそうな表情になった。『ザ・コーヴ』は、典型的な白人男性症候群の産物であると断言する。白人男性が興味本意で太地町に潜入し、その特権を利用して、偏見に満ちた映画を撮っている、としか見えないというのだ。

彼によれば、白人男性症候群の主な症状は、自分の知識が常に他人よりも圧倒的にすぐれていると確信するあまり、人の話をきけなくなるということのようだ。

たとえば、まだ若い白人の学生が先住民の居留地を訪れ、歴史や伝統文化について、すべてを知り尽くしているように、部族の年長者を前に演説をぶったりする。白人が書いた本で得た情報が、先住民の智慧よりも正しい、と誤解しているのだ。

「白人が多民族社会において、いかに優遇されているのか、白人男性による特権が社会構造の隅々にまで根を張っていることを、みずからにいいきかせながら生活しています。白人の男性が中心の白人男性症候群は、アメリカに根深く存在する不平等や差別の元凶で、多民族社会の共生を妨げています。この病には罹《かか》りたくありません」

と彼は真剣な眼差しで訴えた。

彼のような批判精神を発揮し、そうした思考について、ほかの人種にオープンに語れる白人男性は希有《けう》な存在だ。エドモンズさんがそうした思考法を身につけた理由のひとつは、みずからの家系に関係している。

一八六三年から一八六六年のあいだにアメリカ中部、ダコタ・テリトリーで知事をしていたニュートン・エドモンズとは、遠縁の可能性があるようだ。ニュートンは権力を駆使して、ダコタ族を征伐し、その生活圏を占領した「開拓者」のリーダーだった。

「白人が過去になにをしてきたのか、それだけを問題にしているわけではありません。その歴史を経て、享受している特権にも、やはり罪悪感があります」

症状をきいている限り、白人でなくても罹患《りかん》する危険性は否めないとも思えるのだが、先祖による残酷な行為を、エドモンズさんが個人として償うことは到底できない。しかし、植民地主義の歴史そのものが、白人の特権を生んでいるということを忘れたくない、との決心は固い。このままでは、アメリカの未来が危うい。それが彼のスタンスだ。

彼の元妻で、彼の先祖と関わりが深いダコタ族出身のキンバリー・トールベアーさんは、捕鯨やイルカ漁は特定の人にはデリケートな問題である、といってからこう語った。

「反捕鯨団体が展開する運動の背景には、進化論的思考があります。どの生きものの命がより尊いのか、ヒエラルキーをつくりだし、それに同調しない文化を否定するのは、間違っているのではないか。人間に近いから、賢いからといってイルカや鯨を食べてはいけないのであれば、人間に近くない生きものならば、殺してもいいという議論に発展する。これはきわめて人間中心主義的な思想です」

ダコタ族は、バッファローを食べるとき、命を捧げてくれた行為にたいして、心からの誠意をあらわし、ありがたくいただく。野菜を食べるときも、おなじように感謝する。草木や花、小石から岩、すべてにスピリッツが宿り、その営みは人間とつながり、大きな円を描いている。円の中心にはなにもない。人間をふくめたすべての生きものに、優劣はつけない。

キンバリーさんとはすこしちがう視点から、太地町のイルカ漁を見つめる先住民もいる。カリフォルニア州沿岸部に住むチュマッシュ族のマティさんとルフイさんは、自分たちにとってイルカは親戚とおなじだから、『ザ・コーヴ』を観るのは辛かったという。

映画の制作者が、ふたりを訪ねてきたことがある。映画出演こそしなかったが、彼らは鯨やイルカの保護についての見解を語った。そのとき、太地町の人びとの営みや歴史にも、目をむけるべきだと伝えたが、きいてもらえなかった。

また、ある反捕鯨団体からは、マカ族の捕鯨におなじ先住民として反対してほしいと頼まれたことがあった。マカ族に友人がいるルフイさんは、活動家が居留地で派手な抗議行動を繰り返し、部族文化を攻撃していることを知っていた。ほかの部族の伝統を批判すべきでない、との考えから誘いには乗らなかった。

部族間の問題に介入して、先住民同士を闘わせるのは、そのむかし侵略者である白人が用いた手法である。現代における反捕鯨運動では、このやり方は成功しなかったようだ。

『ザ・コーヴ』をきっかけに、わたしは太地町、さらに太地町の人びとが移民として渡ったアメリカ西海岸を訪ね、鯨とともに生きてきた海の町のダイナミックな歴史の一端に触れ、その多様性を知ることができた。

映画に登場する太地町の漁師は、可哀想《かわいそう》なイルカを殺す野蛮な存在として扱われている。しかし、彼らの町には、海を守り、大海を越えて育んできた豊かな歴史と文化がある。あまりに一面的で排他的な反捕鯨や反イルカ漁を主張するプロパガンダ映画に伝統的なアカデミー賞があたえられたのは、残念なことだ。

アメリカ社会で、さまざまな人種や民族についてのステレオタイプなイメージがつくりあげられ、それが迫害、排斥、そして差別のプロセスになる。現在も引き継がれている差別の連鎖である。先住民と日系人の歴史、太地町のいま、そして日本とアメリカの市民の生活史が重なって見えた。

二〇一三年一一月に駐日大使に就任したキャロライン・ケネディは翌年一月一七日、自身のツイッターで「米国政府はイルカの追い込み漁に反対します。イルカが殺される追い込み漁の非人道性について深く懸念しています」というコメントを載せた。このツイッターは、海外の環境運動家など多くの賛同を得ている。太地町の伝統捕鯨を取り巻く環境は、厳しさを増すばかりだ。

第五章　受け継がれる想い

フィリックス・トールベアーさん、スーザン・トールベアーさん

ロバート・コリンズさ

パイプ石の石切り場

レイチェル・マルチネスさん、エリック・ビロップさ

ディー・ビロップさん

キンバリー・トールベアーさん、リーアン・トールベアー

トラビス・エリクソンさん

山形千春さん、真仁さん　江東区東雲にて

レイチェル・マルチネスさん

大森昌也さん、ケンタさん、好美さん一家

サンドラ・マルチネスさん

ブラック・ミン

サンフランシスコ州立大学の先住民学科で教鞭を執る、ロバート・コリンスさん（三八歳）は、わたしが南三陸町で撮影した津波被害の写真をくいいるように見つめながら、「その土地に根づいた家族の歴史がすべて洗い流されてしまったのか」と息をのんだ。大災害という言葉ではひとくくりにできない、それぞれの家族がもつ大地とのつながりが気になるようだ。

先住民は部族単位で見られがちだが、その基本単位は「家族」だ、とコリンスさんはいう。彼自身はチョクトー族の血を引いているが、黒人との混血だ。そのこともあってか、これからのアメリカは、「家族がもつ複雑さ、多様性にもっと目をむけるべきです」と力説した。それは東北の被災地で暮らす家族の文化と歴史をきちんと記録するべきだ、という主張につながる。

黒人の血を引く先住民はすくなくない。二〇一〇年の米国国勢調査局によると、先住民と黒人の混血は二六万九四二一人にのぼっている。国家、エスニシティ、部族など大まかな枠組みでは捉えられないほど、人間の営みは多様だ。

アメリカ史において、黒人と先住民が占める位置づけの決定的なちがいについて、コリンスさんはこういう。

「黒人は奴隷として白人奴隷主のあいだで売買された『商品』でした。その一方で、先住民は、（先述したバウンティなどの例でも明らかなように）殺せば報奨金が出る存在、つまりは絶滅すべき民とみなされていたのです」

しかし、南部においては、白人からプランテーションの経営を引き継ぎ、資本主義経済を受け入れた例外的な部族もあった。そのときに、白人から「文明化」されていると考えられた五部族（クリーク、チェロキー、チカソー、チョクトー、セミノール）は黒人奴隷をもつ慣習を継承した部族である。

「先住民には存在する価値すら認められていませんでした。それでも白人のように自分たちも奴隷をもつことによって、プランテーションの経営者とおなじように利益をあげることもあったのです」とコリンスさんはいう。

白人同様に、先住民も奴隷主として、黒人を搾取してきた歴史だけでなく、その逆に、逃亡してきた奴隷を部族社会で助け、匿《かくま》ってきた史実もあり、その関係は入り組んでいる。

コリンスさんはアメリカ社会において、白人から差別されるだけでなく、先住民からは黒人として、黒人からは先住民としての差別も受けてきた。

自分のなかに存在するふたつの民族が、おたがいに差別し合っている。その複雑なプロセスを研究することによって、みずからの出自を理解し、生きる力にしてきたのだ。

わたしは先住民社会にはびこる黒人差別や、コリンスさんのような先住民と黒人、双方の血を引く人たちの歴史と文化に関心をもって、カリフォルニア州やニューヨーク州をはじめ、ミシシッピ州などの深南部の黒人社会を歩いてきた。

二〇一〇年、カリフォルニア州オークランドの黒人街の路上で、元ホームレスだった黒人男性の話をきいた。ときおりサイレンがあたりに響き渡り、パトカーが走ってくる。そのたびに緊張感が走った。

貧困やドラッグの蔓延など、話題は多岐にわたったが、警官の暴力や誤認逮捕について彼は予見的にいった。

「警察の信用は、はるかむかしに失墜している。いまに市民の反撃が起こる」

また、黒人ギャング同士の抗争も熾烈だ。彼の知り合いはギャングに間違われて、車の運転中にすれちがいざまに銃殺されている。危険と隣り合わせの日常は、まるで戦場のようだった。

ひとしきり話したあとに、彼は突然「日本にいる同胞はどうしているのか」と鋭い視線を投げかけた。同胞ときいても、ピンとこない。日本に在留している米兵のことか、アメラジアン（アメリカ人とアジア人の混血）のことなのか、と思案したのだが、わからなかったので、問いただすと「ブラック・ミン」のことだという。

ようやく被差別部落のことをたずねていることがわかった。どうやらその響きから部落問題を「ブラックの問題」だと思いこんでいたようだ。もちろん彼らは黒人ではない。人種差別ともちがう。日本社会に内在する差別構造の仕組みは、アメリカとは異なる。被差別部落出身者であるか否かは、外見からはわからないのだと説明した。

すると彼は、被差別部落から引っ越せば、もう差別はされないのではないか、と怪訝《けげん》そうな表情になった。日本には戸籍制度があり、どこに引っ越しても婚姻・就職で差別を受ける可能性は残されるのだ、と伝えた。が、彼は不思議そうな顔をするばかりだった。「なぜ、六〇年代のブラック・パワーのように、ブラック・ミンパワーで国家を変えないのか。オバマのように、ブラック・ミンは日本の大統領（総理大臣）になれないのか」

歴史的に黒人の社会運動が盛んなオークランドならではの質問も受けた。最後に彼は、「ブラックとブラック・ミン、もしかすると差別される民を指す言葉には、文化を超えた普遍的な響きがあるのではないか」とひとり言のようにつぶやいて、黒人街の喧噪《けんそう》のなかに右足をすこし引きずって消えていった。

理想をもとめて

二〇一二年六月、兵庫県朝来《あさご》市で縄文時代の農法で農業を営む、大森昌也さん（七〇歳）の「あ〜す農場」を訪ねた。大森さんは被差別部落出身者である。JR和田山駅に迎えに来てくれた大森さんの軽トラックで、山間部にすこし入ると、手入れが行き届いたきれいな田んぼがひろがっている。数年前に訪れたラオスの農村の風景を思い出した。

大森さんの自宅脇にはパン工房や書庫が、その下にはヤギ小屋が見える。山からの水流を利用した水力発電、排泄物でバイオガスの生産など、実験的な試みがすべて生活に活かされている。「あ〜す農場」は、農村の暮らしを取りあげるテレビ番組でも紹介されたことがある。のんびりとしていて、開放的だ。

一九八七年、大森さんが六人の子どもたちとともに、この地に移り住んだときは、周囲には四軒の農家しかなく、人口はたった七人。最年長が九〇歳、一番若い人が六五歳という高齢化社会の縮図ともいえる共同体だった。

現在は、大森さんが暮らす集落のそばには、一家の長男家族と次男家族が生活している。さらに、大森家で農業体験を希望する若者が、全国から年間二〇〇人以上も押しかけてくる。海外からの研修生の受け入れもおこなっており、滞在期間は数日から数ヶ月とさまざまだ。なかには、大森さんの生き方に共鳴して、そのまま住みついた人もいる。

菊地恵さん（三一歳）は夫と娘とともに、原発事故による放射能汚染の拡大を怖れ、岩手県南部の町から大森さんの家の近くに引っ越してきた。まだ幼い娘（三歳）のことが心配だったからだ。現在は農業と林業であらたな生活をはじめている。

自然との暮らしを実践している菊地さんに、移り住むきっかけとなった原発事故のことをきくと、穏やかだが自信のこもった声でこう話した。

「原発反対と唱えるだけの運動には、すこし違和感を覚えています」

もちろん原発の再稼働はしてほしくないのはおなじだが、菊地さんには自分たちが自然のなかで地に足をつけて暮らしているのを見てもらうことで、なにかが変わるのではないか、という期待があるのだ。ちいさな抵抗であるが、だからこそ大地に根ざした力強さが感じられた。

大森さんの次男のげんさん（三〇歳）は、車で二時間半ほど、およそ六〇キロの距離にある、大飯原発反対運動に参加してきた。

「『想定外』っていう言葉はうぬぼれとレベルの低さから来る。農作業をやっていれば、『想定外』ばかりだし、所詮、人間ができることは限られていると気づくはず。そんな人間がつくったものがぜったいに安全だなんて、考えられない」

妻で画家の梨紗子さん（三二歳）は、大学四年生のときにパプアニューギニアの若者を日本の農村に受け入れるNGOの活動の一環で「あ〜す農場」を訪れ、げんさんと出会い結婚。現在は豊かな自然のなかで三人の子どもを育てながら、農作業と作品づくりに励み、東京で個展をひらいたりしている。

国立大学の農学部出身の大森好美さん（三一歳）は、大学三年生のときに、「あ〜す農場」に来て農作業を手伝った。卒業後に再訪、大森さんの長男のケンタさん（三四歳）と結婚して、いまは三人の子どもを育てている。

大飯原発再稼働については、「なにが大事なのか、考えてほしい。電気なのか。命なのか。空気が汚染されたら経済も立ちゆかなくなる」と子どもたちの将来を心配していた。

過疎化が深刻な農村で「どうやって大学出の女性をとどまらせたのか」といった質問を、大森さんはよく受けるそうだ。「風通しをよくしていたら、人は自然にいつく」というのが大森さんの持論である。その自由な雰囲気が人を寄せつけているようだ。

見えない差別

大森さんは三〇歳になるまで、自身が被差別部落の出身であることを知らなかった。縁談が破談となったのを苦に、二歳年下の妹が自殺未遂に追いこまれたとき、母親から出自について告げられた。

三歳から小学校四年生ごろまで生活していたのは、岡山県の被差別部落だった。下校時に、よその地域の子どもたちから石を投げつけられたりもした。逆にクラスで自分だけが筆箱をもらえた。いま振り返ると、それは差別であったり、被差別部落の子どもを対象とした支援だったようだが、当時は、気づかなかった。

一九六〇年代に迎えた学生時代、大森さんは社会運動に参加した。共産党機関紙の「赤旗」に掲載された共産党除名者リストには、大阪市立大学の職員や関係者が連なっていた。「すごい大学や」と入学したのだ。その後、学生運動に熱中したが、みずからの出自にはふれる機会はなかった。

大森さんの著書『六人の子どもと山村に生きる』にはこう書かれている。

「プロレタリア独裁をめざし、軍事をはらんだ前衛党建設へ突き進んだ。見事に敗北。指名手配され、東京の路上で数人の刑事によって逮捕された。半年間勾留され、九〇万円の保釈金」

取り調べをする警官は、自分の生い立ちや特定の地名を話し、被差別部落出身であるような話をする。親近感をもたせようとする作戦に出たのだ。

「むかしは部落出身者が犯罪を取り締まる仕事をさせられていた」と大森さんはいう。警察側は大森さんの出自を把握していたのだろうが、当の本人はいったいどうして、警官が身の上話をしてくるのか理解できなかった。

「自分がそうだったとは、わからんかったなぁ。いまにして思えばっていうか、そういわれてみればっていうのはあるけれども」と大森さんは振り返る。

二年前、大森さんの友人が集落に引っ越してくることになった。地主もふくめ集落の人はおおむね歓迎してくれたのだが、一部の村人が難色を示した。大森さんが被差別部落出身者と知ったからだ。集落を乗っ取られるのではないかと怖れたらしい。

好美さんは「いまでもそういう差別（被差別部落出身者への）があるんですね。むかしならばともかく」と、驚きを隠さない。

普段は隔たりなく接してくれていても、ふとしたときに表面化するのが部落差別の特徴だ、と大森さんは強調する。結婚や引っ越し、就職、昇進、犯罪事件の容疑者などと、なにかのたびに偏見が襲いかかってくる。長男のケンタさんも、出自を理由に結婚を妨害された経験がある。差別はいまなお強く生きているのだ。

縄文百姓

二〇一三年夏に「あ〜す農場」を再訪した。この間、安全性を疑問視する声が多いなかで、大飯原発は再稼働に踏みきっていた。

大森さんは「情けないいなぁ。恐ろしい国やなぁ」と嘆いていた。ケンタさんは「都会であれだけ、電気を使っていれば、しょうがないですよ」と落胆したような声で話した。

その日は、三〇代前半とおぼしき五人の若者たちが、「あ〜す農場」に滞在し、畑仕事やパンづくりをしていた。自分のできることを積極的にやっているようだった。突然、大森さんに頼まれて、わたしがアメリカ先住民の話をすることになった。

予想外だったので、少々戸惑ったが、すこし話をさせてもらった。先住民差別の起源、コロンブスのアメリカ「発見」に話が及ぶと、大森さんから鋭いコメントが発せられた。

「部落にとってのコロンブスは、天皇制だ。部落差別の歴史の方が、先住民差別より長い」

日本での被差別体験をもつ人に、べつの国の被差別体験者の話をすることは、わたしにとっては大きな学びの作業で、「勉強しなおせ！」といわれている気分だった。

これまで二八年以上にわたって、大森さんが実践している自給自足の生活スタイルは、「縄文時代」からつづいているものだという。土壌づくりから苗の育て方、田植えから稲刈りまで、もちろん有機農法で農業機械は一切使わない。自分の身体ひとつ、農具ひとつでやってきた矜持《きょうじ》がうかがえる。

大森さんはみずからを「縄文百姓」と呼ぶ。縄文時代には、「部落差別もなく、誰もが自由だった」と声を一段と大きくした。いまはむしろ時代の最先端を行く、大地とともに生きる大森さんの理想郷に惹《ひ》かれて、全国から若者が集まってくる。都会の生活に行き詰まった人や、農業を学びたい人など、やってくる理由はさまざまだ。そうして、人が集まり、結びつき、離れては、また近づき、惹かれ合い、去っていく。そんな自由な往来がある。人びとがつながっていけるような理想郷が見えてこない。それが、震災後の日本の悲劇なのかもしれない。

辺境のダンス

わたしがニューメキシコ州のコミュニティ・カレッジに通っていた一〇代のころからのつき合いになる、オケ・オウェンゲ族の親友レイチェル・マルチネスさん（四〇歳）から、部族の伝統行事であるハーベスト・ダンスに誘われた。彼女の家族も、わたしに来るようにという。二〇一三年九月、ニューメキシコ州北部にある居留地を訪れることにした。

日本とアメリカの辺境をつなぐ旅路の途上で、先住民がつぎの世代に伝統を継承する現場に居合わせたかった。伝統行事のために事前に準備をする人たちの姿を見ることや、遠方からやってくるレイチェルさんの親族に久しぶりに会えることも魅力だった。

たいがい、儀式の前後はどこの家庭でも人の出入りが絶えず、親戚縁者が一丸となって準備に励む。作業の量は膨大だが、家のなかは笑顔で溢れている。儀式のために集まったすべての人が「いいスピリッツ」をもち寄ってくれた、と心からの歓迎を受ける。それぞれの生き方や考えを尊重する、あたたかい雰囲気が部族全体を包みこんでいる。

ハーベスト・ダンスとは、部族の人びとが収穫の秋を祝い、祈りを捧げる儀式だ。開催の日時は居留地の住民にのみ、たいがいクチコミで伝えられ、居留地の外に住む親戚や知り合いを招待する仕組みになっている。

このダンスに参加すること自体が代々まで語り継がれる名誉であり、家族からひとりでもダンサーが出るとなれば、親族は協力を惜しまない。家族だけでなく、先祖までもが、精神世界からの恩恵を受けるといわれているからだ。ダンサーが観客に振る舞う野菜や食料、小物を調達する人、終了後の打ちあげのために料理をする人、荷物を運ぶ人など、共同体のなかで暗黙のうちに役割が定められている。

プエブロ系の部族社会では、伝統的に女性が高い地位を占めており、日常生活のみならず、行事においても重要な役割を果たしている。たとえば、儀式に欠かせないパンを焼くのは女性の仕事で、この作業は深夜から明け方にかけておこなわれる。

彼女たちが焼く円形のパンがなければ、儀式をはじめることはできない。今回のハーベスト・ダンスでも、当日の朝まで、準備に精をだす女性たちの姿が目についた。

ダンスの日、会場となる集落の中心部には、朝からどんどん人が集まってくる。午前一〇時一五分、およそ八〇人のダンサーたちがはじけるようなドラムの音を合図に一斉に広場の中央にあらわれた。長い列を組んで、一五人ほどのシンガーの歌声とドラムのビートにのせて、静かに踊りだした。右足と左足で小刻みにステップを踏む。足が大地を踏みしめる動きと、ドラムの鼓動が足下から響く。大地の感触をワン・ステップずつ確かめながら、まるで地面のうえを舞うように軽やかに踊る。

一回のダンスは一時間から一時間半。ひととおり歌と踊りが終わると、ダンサーも観客も居留地のなかを移動する。集まった観衆はおよそ二〇〇人。ダンサーたちは大きなバスケットをもち、なかに入れられた採れたての野菜、焼き菓子、パン、チョコレート、ポテトチップス、カップラーメン、キッチンペーパー、洗剤、工芸品や毛布などを、ダンスの合間に見物人たちに勢いよく投げる。

貧困、過疎、アルコール・ドラッグ中毒の問題など、居留地は厳しい状況に置かれているが、この日ばかりはみんな屈託なく、幸せそうな笑顔を浮かべている。

わたしはレイチェルさんの母、サンドラさんが用意してくれたパイプ製の折りたたみ式の椅子に座り、この様子を見守った。自慢の娘が踊っていることもあって、サンドラさんは誇らしげだった。家族が伝統行事に参加することの意義は大きい。

ダンスは、居留地の中心部を移動しながら、午後五時前までつづけられた。その最中に、ダンサーだけでなく見物人までも、たくさんの人たちがサンドラさんに挨拶《あいさつ》にやってくる。

長いあいだ、彼女はサンタフェにあるホテルのメイドとして働き、家計を助けてきた。六〇歳を越えたいまは、部族の伝統を熟知する年配女性として尊敬を集めている。

レイチェルさんの従兄弟ロッキー・ワイナンスさん（四二歳）は、サンドラさんとわたしの姿を見つけ、懐かしそうに近づいてきた。彼とも二〇年来のつき合いである。つもる話は多々あるのだが、ワイナンスさんはこの日、午後二時から部族が経営するガソリンスタンドで、レジ打ちの仕事があり、ダンスの途中で残念そうに帰っていった。

伝統行事への参加であっても、仕事との両立は難しい。たとえ部族が経営するガソリンスタンドであっても、シフトから外れるのは容易ではない。

命がけの宅配サービス

ダンスの翌日、ニューメキシコ州最大の都市アルバカーキにある、レイチェルさんと彼女のパートナー、エリック・ビロップさん（四四歳）が暮らす一軒家を訪問した。レイチェルさんは前の日に六時間以上も踊っていたためか、疲労困憊《こんぱい》の態だった。

レイチェルさんは一九歳まで居留地で過ごしたが、その後アルバカーキに引っ越し、ニューメキシコ大学で犯罪学を専攻した。現在はアルバカーキで保護監察官として働いている。職場では常に緊張を強いられるそうだ。多忙な日々であるが、伝統行事があるたびに、仕事のあとに車で二時間以上もかけて居留地に通う。そんな生活をずっとつづけてきた。

エリックさんは黒人で、United Parcel Service（UPS、アメリカの宅配業者）に勤務している。一日に配達する荷物は二五〇個以上。アメリカでの宅配業務は日本のそれとは異なり、ときに命がけのミッションにもなる。獰猛な番犬に噛《か》まれる配達人は珍しくない。もっと恐ろしいのが、社会に溢れている銃だ。

あるとき、いつものように元気に「UPS！」と声をかけて家のドアをノックすると、静かにドアがあいた。そのむこうから、四〇代の白人男性が、大きなショットガンの銃口をエリックの額に突きつけていた。

「"Dude, it is your package!"（おいおい、あなたの荷物ですよ！）」と声をかけて、荷物を素早く渡した。あのときの恐怖感が忘れられない。撃たれていたら、顔面を吹き飛ばされていた。

玄関先に巨大な蛇の死骸が横たえられていて、ぶったまげたこともあると苦笑いしていた。宅配便の仕事はショッキングなエピソードには事欠かない。

粗雑に書きなぐられた住所を判読できないことは日常茶飯事だ。インターネットで買い物をしたのに、まったく記憶にないと受け取りを拒む人もすくなくない。それでも、これまで休むことなく働いてきた。日々、小包を受け取った人びとの笑顔に励まされている。

エリックさんは子どものころ、ナバホ族の居留地に住んでいたことがある。一九七七年、彼が九歳のときに、看護師でシングルマザーだった白人の母ディー・ビロップさん（六七歳）が、ナバホ族の居留地にある町、トゥバ・シティで看護師の仕事に就いたからだ。エリックさんはこの町で、母親と兄、姉の四人で暮らしていた。

いまでこそ、トゥバ・シティには八〇〇〇余人が住み、ホテルやスーパー・マーケット、ファーストフードのレストランなどがある町になったが、そのころは、まさにアメリカの辺境だった。店といえば雑貨屋が一軒あるだけで、交通信号も一ヶ所しかなかった。

エリックさんの家には電気が通っていたが、周りには電気も水道もない家が多く、土間に寝ている人やホーガン（テント）に住んでいる人も珍しくなかった。

一家はそれまで黒人の父親とアリゾナ州の大都市フィーネックスに住んでいた。都会から居留地のちいさな町へ引っ越したのは、九歳の彼にとって、大きな変化を意味していた。

当時の居留地で、黒人として生きることは、決して簡単ではなかった。部族の子どもが大半を占める学校では、毎日のように肌の色や髪型を笑われたり、石を投げられたり、差別発言を浴びせかけられたりした。空き巣に入られて、大事なものを盗まれたこともある。

みんながおたがいを知っている、ちいさな部族社会では、エリックさんの一家は常によそものと見られていた。ナバホ族の社会もまた、アメリカ社会に根づいた黒人差別を内面化していた。

母親のディーさんは白人であり、彼は混血なのだが、肌の色は黒人に近い。だから、自身のアイデンティティは黒人である、といってとくに力んでいる風でもない。

アメリカ文化のコンテクストにおいて、すこしでも黒人の血を引いているものは黒人とみなされる。オバマ大統領の母親も白人だが、彼はいつでも「初の黒人大統領」である。

なぜ、エリックさんの母親ディーさんは、ナバホ族の居留地で働くことにしたのか、ふと疑問に思った。

現在彼女は、ノーザン・ニューメキシコ大学看護学科の非常勤講師として教壇に立っている。エリックさんの家から大学に彼女を訪ね、授業前の教室で話をきいた。

「生まれはフィラデルフィアですが、小学校と中学校はトゥバ・シティで通いました。金髪で肌が白いのでよくいじめられましたが、自分が育った町で働きたかったのです」

意外な答えだった。母親が小・中学校時代をトゥバ・シティで過ごしたという話を、エリックさんからはきいていない。さらに彼女はこう話した。

「母は白人ですが、父方の家族はナバホ族で、羊を放牧して暮らしていました。わたしも子どものころは羊の面倒をみました。わたしもナバホ族です」

「だけれども、エリックさんは、母であるあなたのことを白人だといっていましたが」と返すと、ストレートな答えをせずに「なぜかしら」と、口を濁す。もしそうであるならば、当然エリックさんもナバホ族ということになる。

トゥバ・シティにいたころ、エリックさんはナバホ族の伝統的なダンスに参加したり、言語を学んだり、友だちにも恵まれていたとディーさんは懐かしそうに話す。

これはわたしがエリックさんからきいた話とは完全にくいちがっている。おそらく彼は、差別を受ける苦しみを、肌が白いという理由で偏見にさらされながらも、孤軍奮闘している母親に吐露することなく、自分のなかに押しこめていたのであろう。インタビューを終えて、オケ・オウェンゲ族の居留地にもどるとき、ふとエリックさんがすこし湿った声で発した言葉を思い出した。

「オケ・オウェンゲ族ではみんな家族の一員として接してくれますが、わたしは部族の出身ではないので、居留地のなかにある伝統的な宗教施設の一部には入れません」

もしかすると彼は、ナバホ族の居留地で学んだ言語やダンス、先住民であるというアイデンティティを、誰にもいわずに、心のどこかに大切にしまっているのかもしれない。

そんな彼をオケ・オウェンゲ族の人たちは、やさしく見つめている。家族の形はひとつではない。さまざまな人種の血を引く人生には困難を伴うこともあるが、それこそが彼のあたたかい人間性につながっているような気がした。

つながる大地

オケ・オウェンゲ族の居留地にもどると、日常のなかに祭りの余韻がまだ残っており、ゆったりとした時間が流れていた。サンドラさんはハーベスト・ダンスのときに、ダンサーからもらった野菜を料理して待っていてくれた。

「ハーベスト・ダンスのために、みんながもどってきてくれて、先祖と大地とひとつになった。みんなの精神が一緒に清められた」

サンドラさんは最高に幸せそうだった。

神聖なダンスのあと、彼らは日常生活にゆっくりともどっていく。儀式を通じて、部族の絆や伝統を紡ぐ生活が、より輝きを増しているように感じた。ダンスの余韻は家族のなかに、そのままいつまでも残っていくものなのかもしれない。

レイチェルさんはこう話した。

「先祖が残してくれた大地と触れ合い、家族とともに儀式をおこなうことで、自分や家族が清められていく。すべてのことは、自分が誰であるか、どこから来たのかを気づかせてくれるためにあるのです。自分自身を知り、どうやって生活するべきなのか、それさえ忘れなければ自分たちは生き残っていくことができます」

移民がつくった国家に消滅を望まれ、生き残っても伝統や文化を捨てることを強要された先住民は、移民社会アメリカでつぎの世代に希望をつなげている。自分らしく生きること、先祖から受け継いだ土地で生活すること、そのことが抵抗そのものなのだ。先住民の静かな闘いは、まだまだつづいていく。

漂う先住民

二〇一四年五月三一日、台東区の東雲住宅に、約七ヶ月ぶりに山形さん夫妻を訪ねた。味の素スタジアムの避難所で出会ってから、すでに三年が経過していた。避難所暮らしが長引くが、まだどこに落ち着くのかわからないので、千春さんは最低限の家財道具しか揃えていない。

ふと、アメリカに渡ったばかりの日系移民がおなじような話をしていたのを思い出した。「請戸の先住民」は、定住する場所のない、移民のようになってしまったのだろうか。

浪江にもどれるまでには時間はかかるが、それまではなんとか自力でやっていけると思っていた、と一朗さんは悔しそうだった。避難したときとなにも変わらない状況にいまも直面している。

その日、小高工業高校を卒業して、千葉県で就職した次男の真仁さんが遊びに来ていた。二〇一一年三月一一日、高校卒業を控えた真仁さんは、ふたりの親友と浪江町で会う約束をしていた。が、入社式と重なっていたため、会社がある千葉県に来ていた。親友たちは津波にのまれて、帰らぬ人となった。

真仁さんは一朗さんの海の仕事の厳しさに日々接し、後を継ぐことよりも県外で働くことに憧《あこが》れていた。それでも、いまなお浪江町に気持ちの半分はある。故郷には帰れない日々がつづいているが、「あの景色があるのならば、もどりたい」という。

一朗さんは漁師時代、大漁のときは優越感に浸りながら港に帰ってきた、と懐かしそうに話した。高層マンション一八階の暮らしに、そのときの躍動感や興奮は一切ない。漁師の朝は早かった。深夜一時から二時には船を出す。だからいまも夜は寝つけないことがある。筋力が落ちても、海の暮らしは身体のなかにしみついているのだ。

味の素スタジアムの避難所に来たばかりのころ、一朗さんが発する請戸の漁師の言葉が理解できないことがあった。こちらが困った顔を見せると、気を遣ってか「漁師っていうのは、言葉は悪いけど、腹は黒くないんだ。本当だぞ」といってくれた。

いまでは、一朗さんにきき返すことはない。漁師から職業や生き甲斐、生活の場である海だけでなく、言葉をも奪った三年間の重みを感じた。

取材をはじめてから、愚痴をこぼす山形さん夫妻を見たことがない。答えにくいであろう質問に嫌がる素振りも見せず、常に穏やかでやさしい。

いまを耐え凌ぐ、という日々の暮らしこそが、山形さんの抵抗なのかもしれない。

ダンスの祭典

二〇一四年八月、アメリカ中西部、ミネソタ州のローワー・スー・インディアン・コミュニティ居留地で、先住民のダンスの祭典「パウワウ」が、三日間にわたって開催された。

夕陽を浴びて、パウワウで踊るダンサーたち

かつては、バッファローの群れを追う狩猟部族が、自由自在に駆け抜けていた大平原のまんなかに設置された、パウワウ・グランド。そこでは、派手な衣装を身にまとった二〇〇名以上のダンサーたちが、踊りの技を競った。

激しく打ち鳴らされるドラムに合わせて、ステップを踏むダンサーたちは、真夏の日差しを全身に浴びて、神々しく輝いて見えた。その周りを大きく円を描いて、ドラム奏者のグループと観客たちが取り囲む。大地に集うすべての人たちが、円の中心で舞うダンサーたちを見つめむかい合い、心地よい一体感が生まれていた。

ダンサー全員が参加する踊りもあれば、ゆっくりと大地を踏みならす伝統的な舞い、派手に全身を動かすポップなダンスまで、年齢や性別、スタイル別に、祭典は進められていく。ほとんどのパウワウは特定の部族の伝統行事というよりも、先住民のあいだで育まれてきた、社交的なイベントの色合いが強い。アメリカ全土から、たくさんの人びとが交流を深めにやってくる。

失業率の高い居留地に見切りをつけ、よりよい雇用条件をもとめて都市部に移住する先住民があとを絶たない。そんななかで、パウワウは離ればなれになった家族が、踊りを通して一堂に会する貴重な機会でもある。とくに夏のあいだは、全米各地でパウワウは催され、多くの人が里帰りもかねて参加する。この日もユーモア溢れる司会者の熟達した進行のもと、子どもたちが駆け回る、賑やかでアットホームな雰囲気が大地を包んでいた。

先述のダコタ族、キンバリー・トールベアーさんは、娘のカルメンさん（一二歳）をダコタ族の親戚たちと過ごさせるために、二日間もかけて、職場があるテキサス州オースティンからミネソタ州までの一八〇〇キロを、車で移動してきた。キンバリーさんの五歳の甥、フィリックス・トールベアーさんは、子どものダンスの部門に参加して、軽やかに宙を舞っていた。キンバリーさんの母、リーアン・トールベアーさん（六六歳）は、久しぶりに孫たちに囲まれて、幸せそうな笑みを浮かべながら、こう語った。

「先祖から受け継いだ神聖な大地で、家族だけでなく、民族がひとつになります。大地から湧いてくる力を身体に受けて、それをつぎの世代に伝えていくことができるのです」

パウワウの最中、フィリックスさんは踊り疲れると輪から離れて、母親のスーザンさん（四二歳）が持参したサンドイッチをほおばり、さらに出店で買ったホットドックやピザまでたいらげていた。その傍らで、フィリックスさんの姉トンシーさん（一四歳）は、「ダンスは家族のためのものです。家族からひとりでもダンサーが出れば、親族だけでなく先祖も精神世界からの祝福を受けるのです」

といって嬉しそうだ。一族の健康と平和な日々を祈る気持ちがじわりと伝わってきた。

トンシーさんは、弟と一緒に踊ると張りきっていたのだが、身体の成長に合わせて注文していた新しい衣装がこの日までに間に合わず、断念せざるを得なかった。それでも九月に、べつの部族の居留地でおこなわれるパウワウを楽しみにしていた。

彼女はミネソタ州の州都、セント・ポール市内のアパートで暮らしているため、家族以外の先住民との関わりが薄い。それもあってこのパウワウを通して、自分のアイデンティティと伝統文化を見つめ直しているようだ。

外からやってきた移民を中心に形成されたアメリカ社会には、先住民はすでに絶滅した民族であるという誤解と偏見が根強い。パウワウで出会った人たちは、出口が見えない悩みを抱える日々のなかで、未来に希望をつなぎ合わせ、自分たちの存在と連帯をアピールしているように映った。

パウワウのあとに、リーアンさんはダコタ族がかつて暮らしていた大平原が一望できる丘にわたしを連れていってくれた。いまでは、その大部分を白人に奪われ、帰ることはできない。「それでも、この場所に想いを馳せ、遠くから眺めて、先祖とのつながりを確認してきました」と彼女はいう。眼下にひろがる草原を見ながら、彼女は原発事故の影響で、いまだに自分の土地にもどれない人びとがたくさんいることについて、辛そうな面持ちで、こう話した。

「先祖から受け継いだ土地を奪われても、ダコタ族はべつの場所を見つけては、儀式をおこない、清め、あらたな聖地と認め、再出発の礎にしました。ただ、そのためには、癒された心とスピリッツが存在しなくてはなりません」

無念の死を遂げたスピリッツは、それぞれの文化にあったやり方で癒さなければ、天に昇っていけない、とダコタ族は信じている。地上をさまよう精霊には落ち着き先がなく、いまの世代に悲しみを残してしまうからだ。

石壁の教え

「人間のスピリッツと傷ついた大地を癒すために、ダコタ族の人たちは伝統的な方法でパイプを吹かし、タバコの煙とともに祈りを捧げてきました」とリーアンさんはやさしい口調で語った。先住民の儀式に、タバコは欠かせない。煙とともに祈りやスピリッツが天に昇っていくと考えられているからだ。タバコを吹かすパイプは、神聖な道具として部族社会で重宝されてきた。

リーアンさんと彼女の先祖が生きた大地を旅したあと、ミネソタ州の西部の町、パイプ・ストーンにむかった。町の名が示す通り、パイプの原料となる貴重な「パイプ石（Catlinite）」が採掘できる場所として名高い。しかし、町自体は居留地の外にあり、住民の大半は白人だ。町の郊外にひろがる採掘場一帯は、国定公園に指定されている。

緑色の草に覆われた大平原に、直径三〇メートルほどの大きな穴がぽっかりとあいている。底の方から、鉄で石を砕く、「キーン」という音が断続的に響いてくる。ダコタ族のトラビス・エリクソンさん（五一歳）が三四年間にわたって、ひとりで掘り起こした石切り場では、渓谷のように巨大な岩が剝き出しになっている。

岩と土だけの茶色の世界、そのなかにある一〇億年以上も眠る、焦げ茶色のパイプ石を採掘するために、彼は岩肌にへばりつき、ハンマーやツルハシを手に奮闘してきた。

適当な石を掘り当てられない日々が、半年以上もつづくことは珍しくない。だからこそ、もとめる形の石と出会ったときには、精神世界に歓迎されている気分になるという。巨大な岩にハンマーを打ちこむたびに、エリクソンさんの上腕の筋肉は丸太のような塊になる。岩を砕きながら、時折、こちらに顔をむけて、彼はぽつりぽつりと話しはじめた。

彼は、曾祖父の代から四代つづくパイプ職人である。石の採掘、選定から彫刻までのすべての行程をひとりでこなす。彼の祖父はサウス・ダコタ州の居留地で生まれたが、幼いときにキリスト教の伝道所へ拉致され、伝統文化を捨てることを強要された。第二次世界大戦後、パイプ・ストーンの町に移り住んだ。

居留地にもどらなかったのは、先住民は野蛮で、白人社会で白人のように生きることこそが本当の幸せである、と寄宿学校で洗脳されたからだ。パイプづくりをはじめとするダコタ族の伝統について、エリクソンさんの祖父や両親も家庭では話さなかったという。

だから、彼は職人を探しだして教えを乞い、あとは本を読み独学でパイプづくりを学んだ。先祖伝来の土地から引きはがされた先住民の子孫であるにもかかわらず、伝統的なパイプ職人になれたことは、彼の誇りである。

土産物店で売られているエリクソンさんがつくったパイプ

現在、エリクソンさんは採掘作業の傍ら、パイプ・ストーン国定公園内の案内所に併設された土産物店の一角で、観光客相手にパイプづくりの実演と販売をおこなっている。保守的な先住民の考えでは、パイプは神聖であり、作製方法を外部に漏らしたり、売ったり、見せたりすることはタブーである。

それは居留地に住んでいる人たちのものの見方だ、とエリクソンさんは反論する。いまでも居留地には、一九世紀の設立当初から代々暮らしてきた部族員を尊敬する傾向があるその反面、一度でも居留地を離れれば、「ヨソモノ」扱いする人が多い。

四世代が同居するような、伝統を学べる環境が居留地に整っているのは事実だ。しかし、エリクソンさんのように白人の町で生活してきた先住民は、職人を訪ね、技術を教えてもらったり、自分の技を仲間に披露することで、腕を磨いてきた。

もともと、パイプは白人の到来以前から、部族間で交易品として、取引されていた。いまは取引の媒体が現金になっただけで、交換していることにはなにも変わりはない、とエリクソンさんは主張する。作業を観光客に見せることに関しても、世界中からやってくる人たちとの会話が、心を豊かにしているという。

伝統的なパイプ職人としては、あまりにオープンであるためか、白人から「あなたは本当に伝統的な職人なのか」との質問をよく受けるという。

彼にとっての神聖さや伝統とは、精霊の声をきき、大地の恵みであるパイプ石がどのように彫ってもらいたいのかを感じとり、彫刻することだ。だから、これが「正式な伝統」だという型はない。

エリクソンさんの同僚で、おなじくダコタ族のパイプ彫刻家のパム・テリングヒュームさん（四八歳）も、先住民文化についてすこしだけききかじった白人観光客から、「伝統的な先住民ではない」といった批判を受けることが多々あるという。彼女は、「自分たちの伝統やアイデンティティについて、白人観光客からとやかくいわれたくない」と怒っている。

「伝統的」とは一線を画すように振る舞う彼らこそが、毎日のように石を掘り、石切り場を守っている、数すくない先住民である。パイプ職人としての腕もたしかで、全米から注文が来るほどだ。

いまエリクソンさんが直面する課題は、つぎの世代にパイプ石の文化を伝えることだが、彼の五人の子どもたちに後を継ぐ意志はない。本来、先住民でなくてはパイプ職人になる資格はないのだが、彼は人種を問わず信頼できる人物であるならば、誰にでもパイプづくりを教えるという。

「人種をとるのか、伝統の絶滅を危惧するのか。神様は肌の色ではなく、その人の生き方と人間性だけを見ているはずです」

そして彼は、「伝統は変化である」と強調した。先住民が宗教儀式をとりおこなうとき、むかしは石を使って火をおこしていた。その後、マッチを使用するようになり、いまではキャンプ用のライターが重宝される。変化のなかで守られる伝統もあるのだ。

あらたな人生

先住民のパイプは友好関係の象徴であり、「ピース・パイプ」と呼ばれることがある。

エリクソンさんは、この呼び方は西部劇で、先住民とカウボーイがおたがいの友情を深めるためにパイプを吸うシーンに起因しており、ハリウッドでつくられた誤ったイメージであると批判する。

本来パイプは、先住民が儀式や日常生活において、聖なる祈りを捧げるためのものだ。先住民はただ、「パイプ」としか呼ばない。

それでも「ピース・パイプ」職人のイメージが強いからか、どうしたら平和が実現するのかという質問を、エリクソンさんに投げかける観光客があとを絶たない。

「願うだけで平和が手に入るなんて、そんな調子のいいことはありません。平和をギフトとしてもらったら、そこから人間はなにも学ばなくなります。平和はみんなで話し合って、つくっていくものです。その方法を学ばなくてはなりません」

パイプは人と人とを結びつける。しかし現代のアメリカ社会において、先住民はすでに絶滅した民と見られたりする。共通の歴史認識がないなかで、多様な文化をもつ人びとが話し合うのは容易ではない。

エリクソンさんは、白人が先住民を弾圧した過去を忘れようとするのは、罪を認めるのが怖いからだ、と考えている。先住民が白人を許すことによって、彼らは彼らの過ちを素直に認められるようになる。しかし、そのためには、まず被害を受けた先住民が、自分たちの望む方法で、癒されなくてはならない。そうすれば、白人と先住民の双方がスタートを切ることができるという。

「アメリカ政府は、人びとの心や精霊が発する声を無視して、破滅の方向にむかっていきます。政府の代表者たちは、真実を隠し、感情もなく信用できません。国家には可能性はありませんが、人びとには自然を守り、共生しながら社会を変える力があるのです」

彼がそう語ったとき、石切り場の岩と土のあいだから、突然、黒い蛇が姿をあらわした。長い身体を柔軟に大地に這わせ、わたしの足下を素早く這って、草むらに消えていった。

エリクソンさんによれば、毎年脱皮する蛇は、古いものを脱ぎ落とし、「あらたな人生」がはじまる知らせであり、自然界からの贈り物であるという。

最後に彼は、遠い日本で、先祖からの土地を奪われた人びとに、こう語りかけた。

「土地や伝統を奪われ、先祖との絆を破壊されても、我々は社会を再生してきました。それは先祖から受け継いだ闘いなのです」

あとがきにかえて

二〇一四年一一月、久しぶりに山形千春さんと電話で話をした。日々、浪江への想いをこらえているが、いつ終わるともわからない避難生活のなかで、将来のことを思うと不安でたまらなくなるという。声は穏やかだが、胸の内の悲しみは深い。

「わたしたちは帰りたいのに、帰れない。なんでここにいるのか。東電が一番悪いのに、電気代を上げて、勝手だ。わたしたちはいつまでも、ここ（江東区東雲）にいられるわけではない。東電も国もなにもしない。あとは自分で勝手にやれっていうのは、どういうことなのか。住むところが落ち着くまでは、最低限補償をしてほしい。いまは野放しっていうか、完全に忘れられていきます」

まだ原発事故は終わっていないことをきちんと社会に伝えてほしいという。それはいまなお一二万人以上もいる原発避難民の気持ちである。千春さんは浪江が無理でも、いずれは家族ともどもで福島にもどっての生活再開を強く望んでいる。

辺境で踏みとどまる人たちの姿に魅せられて、これまでわたしは先住民の研究に取り組んできた。彼らが生きる大地を歩いて、つくづく感じることがある。「辺境」と呼ばれる場所は、そこに生きる人たちが日々の暮らしのなかで奮闘している現場であるだけではない。志のある人びとを惹きつけ、出会い、生き残っていくための議論をし、共生の糸口を探り、社会変革の必要性を発信する中心地にもなりうる。

日本の辺境でもおなじように感じる。そこは先端でもあり、あらたな出発点にもなりうる。いろいろな文化に触れる旅を通して、日本の地方とアメリカの辺境で抗う人たちのなかに、いつの時代も変わらず輝くものに出会うことができた。

東日本大震災を経たいま、日本は転換期にある。厳しい状況下に置かれながら、人びとは声を発しつづけている。そんな市民の声をないがしろにしている政府に、民主主義の感覚は乏しい。そんな現状を間近に見て、来日したキンバリー・トールベアーさんは「これでますます日本はアメリカのようになってしまいます。なぜアメリカの悪いところをまねるのでしょうか」と嘆いた。

また彼女は、一部の政治家が発する声に危機感を抱いている。札幌市の金子快之《やすゆき》市議によるツイッター発言、「アイヌ民族なんて、いまはもういない」や、北海道議会での「アイヌ民族が先住民かどうかには疑念がある」（東京新聞　二〇一四年一一月一三日）という小野寺秀《まさる》議員の発言に呆《あき》れ果てていた。

そして、海のむこうの祖国について、こう嘆いた。

「いまのアメリカ社会は根本から完全に壊れていて、まったく希望を感じません」

経済の破綻《はたん》や格差問題、さらには有色人種にたいする警官の暴力が横行する社会を、彼女は憂いていた。

ちょうどそのころ、ミズーリ州やニューヨーク州、アリゾナ州で起きた、警官による黒人男性の殺害に端を発したデモ行動が、連日報道されていた。

「この国は建国前からなにも変わっていません。先住民を弾圧したときの精神を受け継いだまま、国家を肥大化させてきたのです」

武力による侵略は、国内にとどまらず、海外にもひろがりつづけた。白人至上主義はいまだに健在で、先住民やマイノリティへの弾圧は終わることはなく、言論の自由ばかりか命さえも奪っていく。

イリノイ大学アーバナ・シャンペイン校で採用したパレスチナ系アメリカ人の教員が、イスラエルによる暴力行為を強い言葉で批判するツイートをしたことが問題になった。多額寄付者による圧力を受けたイリノイ大学は、彼の採用を取り消した。

言論の自由が、寄付をおこなう企業や個人によって脅かされている現状は、学界の危機を象徴しているとともに、マッカーシズムの再来である、とキンバリーさんをふくむ多くの大学教員が危機感を募らせている。

アメリカの西部では、乱開発が招いた環境破壊によって極度の干魃《かんばつ》がつづき、不動産の価値が低くなり、売却すらできずに、移住を迫られる人たちがいる。先住民から奪った大地での無節操な開発は、白人の富裕層までをも立ち退かせる皮肉な現象を生みだした。

警官の暴力やイリノイ大学の一件、西部の干魃のニュースに触れて、キンバリーさんはこれからのアメリカ社会に悲観的だ。一見、関係のない事項のように見えるが、彼女のなかでは一連の出来事が、「アメリカの崩壊」というキーワードでつながっている。

白人がつくった「アメリカ社会」が終焉《しゅうえん》を迎えたあとに、なにが生まれるのかと尋ねてみた。彼女は一瞬考えてから「もうすこしマシな国家になるのではないでしょうか」と苦い笑顔になった。

ダコタ族には過去の憎しみや悲しみが癒され、精神の解放が得られるまで七世代かかるという言い伝えがある、と教えてくれたのは、キンバリーさんの母親・リーアンさんだ。

彼女の五代前の先祖、ダコタ族のリーダー、リトル・クロウは、賞金目的に白人に殺害され、家畜の餌にされた。七世代あとということは、癒しのときがはじまるのは、彼女の孫（キンバリーさんの娘）、カルメンさんの世代からということになる。ただし、それまでの世代による絶えまない奮闘がなければ、七世代目での癒しはない。先住民として生活することは、つぎの世代へバトンを渡すことを意味する。

いまから七世代あとの日本社会を生きる人たちは、震災や原発事故のことをどんな風に記憶しているのだろうか。安心して暮らしていける国になっているのだろうか。それは、いまを生きる市民がどこまで声を発しつづけられるかにかかっている。

「アメリカと日本の辺境をつなげる本を書いてほしい」と集英社新書編集部の渡辺千弘さんにいわれたのは大震災後の二〇一一年の春だった。日本のいくつかの地域とアメリカ先住民の居留地での取材が必要だったため、長い時間がかかったが、渡辺さんの忍耐力に助けられての執筆作業だった。

地理学者としておなじく先住民の生活圏、およびアメリカ社会全体が直面するさまざまな環境破壊の問題にむき合ってきた妻の徳子には、多くのサポートとサジェスチョンを受けた。先住民とのおつき合いは、家族ぐるみのものである。

最後になりますが、インタビューをさせていただいた方々、取材に協力してくださったすべての方々に、心より感謝いたします。

〈本書の一部は、月刊「部落解放」、「週刊金曜日」、「3・11を心に刻んで」〈岩波書店オンライン版〉に掲載されたものに、再取材し、加筆をしました。年齢と肩書きは取材時のものです〉


「辺境」で生きる人びとが光り輝くことを祈って

二〇一五年　一月

鎌田　遵

主な参考文献

秋道智彌『クジラは誰のものか』ちくま新書　二〇〇九年
石橋克彦編『原発を終わらせる』岩波新書　二〇一一年
大森昌也『六人の子どもと山村に生きる』麦秋社　一九九七年
鎌田遵『ネイティブ・アメリカン　先住民社会の現在』岩波新書　二〇〇九年
鎌田遵『ドキュメント　アメリカ先住民　あらたな歴史をきざむ民』大月書店　二〇一一年
熊野太地浦捕鯨史編纂委員会編『鯨に挑む町　熊野の太地』平凡社　一九六五年
小松正之著、社団法人日本水産学会監修『よくわかるクジラ論争　捕鯨の未来をひらく』成山堂書店　二〇〇五年
関口雄祐『イルカを食べちゃダメですか？　科学者の追い込み漁体験記』光文社新書　二〇一〇年
寺井拓也「五カ所の原発計画と反対運動」、汐見文隆監修「脱原発わかやま」編集委員会編『原発を拒み続けた和歌山の記録』寿郎社　二〇一二年
長谷川健一『原発に「ふるさと」を奪われて　福島県飯舘村・酪農家の叫び』宝島社　二〇一二年
浜中栄吉他編、太地町史監修委員会監修『太地町史』太地町役場　一九七九年
吉岡逸夫『白人はイルカを食べてもOKで日本人はNGの本当の理由』講談社+α新書　二〇一一年
和歌山県編『和歌山県移民史』和歌山県　一九五七年
和歌山大学紀州経済史文化史研究所編『特別展　紀伊半島からカリフォルニアへの移民　サンピードロの

日本人村』二〇〇九年

Amnesty International (2008) "Maze of Injustice: The Failure to Protect Indigenous Women from Sexual Violence in the USA, One Year Update Spring 2008" (http://www.amnestyusa.org/pdfs/MazeOfInjustice_1yr.pdf)

Amnesty International (2012) "In Hostile Terrain: Human Rights Violations in Immigration Enforcement in the US Southwest." New York: Amnesty International Publication (http://www.amnestyusa.org/sites/default/files/ai_inhostileterrain_032312_singles.pdf)

Grant, Campbell (1978) "Chumash: Introduction." William C. Sturtevant (ed.) *Handbook of North American Indians*. Washington D.C. Smithsonian Institution, pp. 505–508.

Norris, Ned, Jr. (2008) "Written Testimony of the Honorable Ned Norris, Jr., Chairman Tohono O'odham Nation to the Subcommittee on Fisheries Wildlife and Ocenas and Subcommittee on National Parks, Forests, and Public Lands of the House Committee on Natural Resources." Joint Oversight Hearing, "Walls and Waivers: Expedited Construction of the Southern Border Wall and Collateral Impacts to Communities and the Environment." April, 28. (http://www.tiamatpublications.com/docs/testimony_norris.pdf)

Pulido, Laura, Laura Barraclough, Wendy Cheng (2012) *A People's Guide to Los Angeles*. Berkeley and Los Angeles: University of California Press.

Robinson, Greg（2010）“A Tragedy of Democracy: Japanese Confinement in North America.” *Journal of Transnational American Studies* 2-1: 1-8.
TallBear, Kim（2013）*Native American DNA: Tribal Belonging and the False Promise of Genetic Science*. Minneapolis and London: University of Minnesota Press.

その他、各市町村や部族のホームページ、パンフレットや地元紙などを参考にした。

鎌田　遵（かまた　じゅん）

一九七二年東京都生まれ。亜細亜大学専任講師。専門はアメリカ先住民研究。高校卒業後に渡米。アメリカ先住民や非合法移民と寝食を共にし、「辺境」を歩いてきた。カリフォルニア大学バークレー校ネイティブ・アメリカン学科卒業。同大学ロサンゼルス校大学院アメリカン・インディアン学研究科修士課程修了。同大学院公共政策・社会調査研究所都市計画学研究科博士課程修了（Ph.D.都市計画学）。カリフォルニア大学バークレー校社会変革研究所客員研究員（二〇〇九年四月〜二〇一一年三月）。著書に『ネイティブ・アメリカン』（岩波新書）、『ドキュメント　アメリカ先住民』（大月書店）等。

「辺境《へんきょう》」の誇《ほこ》り——アメリカ先住民《せんじゅうみん》と日本人《にほんじん》

二〇一五年二月二二日　第一刷発行

集英社新書〇七七三N

著者……鎌田《かまた》　遵《じゅん》

発行者……加藤　潤

発行所……株式会社集英社

東京都千代田区一ツ橋二-五-一〇　郵便番号一〇一-八〇五〇

電話　〇三-三二三〇-六三九一（編集部）
〇三-三二三〇-六〇八〇（読者係）
〇三-三二三〇-六三九三（販売部）書店専用

装幀……新井千佳子（MOTHER）

印刷所……凸版印刷株式会社

製本所……加藤製本株式会社

定価はカバーに表示してあります。

ISBN 978-4-08-720773-6 C0236

Printed in Japan